KB075948

우리를 날게 한 모든 것들의 과학

우리를 날게 한 모든 것들의 과학

플라잉
FLYING

임재한 지음

어크로스

프롤로그

비행에도 질문을 던져볼 필요가 있다

동물원과 놀이공원, 도시를 관리하는 재미에 푹 빠졌던 때가 있었다. 가상공간에서 경영 시뮬레이션을 하는 타이쿤 게임 이야기다. 몇 시간이고 동물원 우리를, 놀이공원 입장객을 지켜보는 일은 게임이라기엔 퍽 지루했다. 하지만 게임의 무대가 커질수록 신경 써야 할 게 많아졌고, 즐거움도 커졌다. 도로망의 구조와 교차로의 신호 규칙까지 조정해가며 게임 속 도시의 번성을 위해 뜬눈으로 밤을 지새우곤 했다.

타이쿤 게임에서 재미를 느꼈던 건 가상공간에 구축된 존재들을 전지적 시점에서 바라볼 수 있었기 때문이다. 동물원을 방문한 관객의 만족도는 울타리와 도보 사이의 거리에, 놀이공원 매출은 롤러코스터의 탑승 시간에, 도시의 세수稅收는 지하철역의 위치와 열차의 운행 빈도에 영향을 받았다. 겉으로는 언뜻 이해되지 않는 매출 감소나 교통 정체 등의 현상도 하나씩 파헤치다 보면 관련 요소들 사이의 미묘한 연결점을 찾아낼 수 있었다. 이 요소들은 때때로 굉장히 사소한 동시에 다양했고, 상관관계는 복잡했다. 그 속에서 '원리'라고 할 수 있는 어떤 문법을 발견해내는 것은 이때까지 경험하지 못한 새로운 차원의 즐거움을 주었다. 그렇게 게임 세계 속의 나는 전지적 시점으로 모든 것을 관전하며 지극히 작은 일부와 거대한 세상 사이의 연결 고리를 직접 찾아내는 존재가 되곤 했다.

그러던 어느 날, 실제 항공기 사고의 발생 원인을 추적하는 다큐멘터리 〈항공사고수사대Air Crash Investigation〉에 빠져 앉은 자리에서 몇 편을 내리 보게 됐다. 내가 매료된 것은 사고 그 자체가 아니라, 비행기가 가진 모순성이었다. 인간이 호흡할 수 없는 희박하고 차가운 공기를 무서운 속도로 가르면서도 정작 그 내부는 우리가 잠을 청할 수 있을 만큼 아늑하게 유지하는 수백 톤의 쇳덩어리. 조종실은 얼핏 봐도 머리가 아프게 복잡하지만, 동시에 사람이 이해할 수 있을 정도로만 복잡할 수밖에 없다. 자동차보다 사고 위험이 훨씬 적은 가장 안전한 교통수단으로 인정받고 있음에도 불구하고 극히 사소하고 허무한 이유로 추락하기도 한다.

왠지 사연이 많아 보이는 이 특징들 때문일까? 조종실의 계기와 그 위에 나타나는 숫자들을 이해해보고 싶다는 생각이 든 건 그때부터였다. 이 모순적인 기계를 이해해보고 싶다는 일종의 도전 의식이 생긴 것이다. 비행기 꼬리에 달린 작은 날개의 정체는 무엇인지, 비행기가 지나간 자리를 수놓는 흰 구름은 왜 생기는 것인지, 엔진이 고장 난다면 우리에게 남은 선택지는 무엇인지, 눈앞에 보이는 현상들만 파고들더라도 앞으로 펼쳐질 이야기가 무궁무진해 보였다. 그 후 본격적으로 '항공우주공학'이라는 분야에 관심을 가졌고, 정신을 차려보니 항공우주 엔지니어가 되는 길을 걷고 있었다.

비행은 사람이 가 닿을 수 있는 세상을 넓히는 과정에 대한 이야기다. 그리고 생각지 못했던 문제를 마주하고 해결하는 과정의 반복으로 점철된 서사다. 이 서사는 철저히 과학의 언어로 기록되어 있다. 비행만 특별히 하늘에서 뚝 떨어진 대단한 원리에서 시작하지는 않았을 테니, 우리가 학창 시절이나 일상에서 익히 접한 과학적 원리로도 이 이야기를 충분히 따라갈 수 있다. 이 책에서 전하고자 하는 것은 단순한 과학 지식이 아니다. 하늘을 누비는 것에서 우주로 나아가기까지, 이 모든 일을 가능하게 만든 첨단기술 속에 숨어 있는 작은 원리들을 발견하는 것, 그리고 '문제의 해결'을 위해 과학이 작동하는 방식을 느껴보는 것이다.

이 책은 비행을 구성하는 기저의 원리부터 비행기라는 실체에 점차 가까워지도록 각 부를 구성했다. 1부에서는 공기의 원리를, 2부에서는 하늘에서 힘을 얻는 과정을, 3부에서는 비행의 실현을, 4부에서는 비행과 우리가 맞닿는 지점을 다룬다. 책 속의 거의 모든 이야기는 가시적이거나 직관적인 질문에서 출발한다. 비행기 코는 왜 둥근 모양일까? 엔진은 왜 점점 더 크고 무거워질까? 밤하늘에서 하늘길은 어떻게 찾을까? 알아야 할 것들이 넘쳐나는 세상에서 어쩌면 깊이 생각할 필요를 느껴본 적 없는 질문들일 것이다. 하지만 이 물음들은 각각 '공기저항', '연료의 효율', '관성'이라는 항공과학의 주요 개념들을 자연스레 이해하도록 돕는다. 아인슈타인이 "중요한 것은 질문을 멈추지 않는 것이다. 호기심은 그 자체만으로도 존재 이유가 있다"라고 말했듯이, 과학자들은 필요한 때마다 '올바른 질문'을 던지며 문제를 해결해왔다.

비행기를 이해해보고 싶었던 공학도는 머릿속에 어떤 질문의 흔적들을 남겼을까? 책 속에 담아낸 이해의 여정이 여러분에게는 편안하고 재밌는 이야깃거리로 다가가길 기대하며, 이 책이 여러분에게 과학과 비행, 하늘과 우주에 대한 새로운 질문을 가져다줄 출발점이 된다면 좋겠다.

2023년 여름

임재한

차례

PART 2

하늘을 날기 위한 재료 구하기

PART 3

비상

날기 위해서 우리가 해결해온 과제들

PART 4
기술

더 멀리, 더 빠르게, 더 안전하게

PART 1
바람

공기가 없다면 하늘을 날 수 없다

① 비행기 코가 둥근 이유

공기저항

'빠르다'라는 단어를 생각하면 뾰족한 모양이 연상된다. 빠른 속도를 강조하는 스포츠카는 날렵한 디자인으로 만들어지고, 활동성을 강조한 의류 브랜드가 빠른 동물이나 날카로운 모양의 로고를 사용하듯이 말이다. 빠른 걸 떠올리자니 비행기를 생각하지 않을 수 없다. 그렇다면 비행기 역시 날렵한 모습을, 그중에서도 당연히 뾰족한 코를 가져야 하지 않을까? 흔히 말하는 공기저항을 줄이기 위해서라도 코가 뾰족하면 좋을 것 같은데 말이다.

하지만 우리가 탔던 여객기의 모습을 떠올려보면 조종실 앞의 코 모양이 그리 뾰족한 것 같지는 않다. 오히려 둥글둥글한 모양이라고 말하는 게 더 맞을 정도다. 비행기는 KTX보다

뭉툭한 코로 빠르게 날아도 괜찮을까?

세 배는 빠르게 공기를 가르는데, 코 모양은 KTX보다도 뾰족하지 않은 듯하다. 그럼 왜 비행기 코는 둥근 모양으로 만들어졌을까? 공기저항이 제일 작은 모양으로 만드는 게 유리하지 않을까?

최소한의 공기저항?
편평함과 뾰족함 사이

물을 채운 욕조에 손을 넣고 휘저어보면 생각보다 힘이 많이 드는 것을 느낄 수 있다. 물처럼 흐르는 것들 사이를 돌아다니면, 이처럼 방해하는 힘 '저항'을 마주하게 된다. 공기도 욕조에 담긴 물처럼 흐르는 것이므로 저항을 만들어내는데, 이 힘을 '공기저항'이라고 부른다. 비행기가 하늘을 쉽게 가르기 위해서는 이 공기저항을 작게 하는 것이 물론 중요하다.

비행기의 최전방에서 공기를 가르는 것이 비행기의 '코'인 만큼, 공기저항이 가장 작게 디자인하는 것은 실제로도 중요한 문제였다. 과학자들은 뾰족한 코부터, 반원 모양의 둥근 코, 편평한 코까지 다양한 형태의 비행기 코 모형을 만들어 각각의 공기저항을 측정하는 실험을 진행했다. 그런데 웬걸, 실험 결과는 우리의 예상을 빗나갔다. 공기저항이 가장 작은 코는 뾰족한 삼각형 모양의 코도, 반원 모양의 코도, 편평한 코도 아닌, 그 사이 어딘가의 '적당히 둥근' 코였다.

왜 그런 것일까? 우선 공기를 가르고 나아가는 상황을 공기

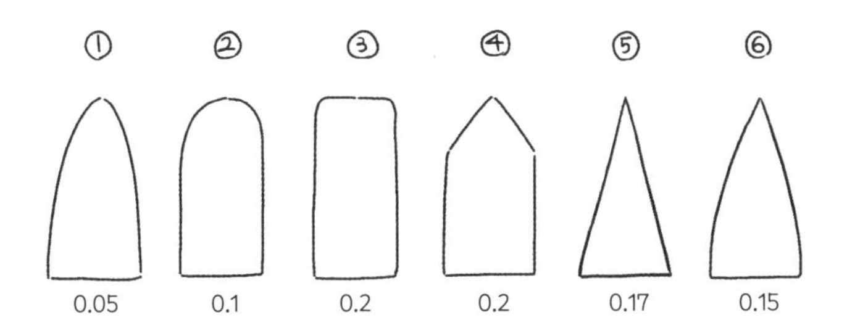

비행기의 코 모양에 따른 공기저항의 크기. 뾰족한 코(⑤)가 오히려 둥근 코(①, ②)보다 저항이 크다. 이중에서 공기저항이 가장 작은 것은 '적당히 둥근' 모양의 ①번이다.

의 입장에서 상상해보자. 공기 중에서 움직인다는 것은 우리가 나아가려는 방향에 있는 공기를 밀어내는 것을 의미한다. 이 공기들이 기분 나빠하지 않고 무난하게 잘 비켜날수록 우리는 저항을 덜 느끼게 될 것이다. 이렇게 생각해본다면 편평한 면의 공기저항이 큰 것은 쉽게 이해가 간다. 앞에 있는 공기를 옆으로 비켜나게 하지는 않고, 오히려 내가 움직이려는 방향으로 무작정 미는 꼴이기 때문이다. 마치 태풍이 부는 날 활짝 펼친 우산을 정면으로 들고 있는 모습과 같다.

그런 의미에서 뾰족한 코는 가장 좋은 선택지처럼 보인다. 뾰족한 코는 공기가 있는 곳을 날카롭게 찌른 뒤, 완만한 경사를 통해 공기를 양옆으로 밀어낼 테니까. 반쯤 접은 우산을 바람이 불어오는 방향을 향해 들면, 활짝 편 우산을 든 것보다는 분명 힘이 덜 들긴 할 거다. 공기가 '이동하는 물체'를 위해 자리를 잘 비켜주게 만드는 게 공기저항을 줄이는 길이라는 측면에서 생각하면, 편평한 코보단 각진 뾰족코가 유리하다는 것까지는 이해가 된다. 하지만 여전히 설명이 되지 않는 부분이 있다. 왜 적당히 둥근 코가 확연히 공기저항을 적게 받는가? 어려운 문제를 생각하자니 머리가 아프다. 쉬면서 생각해보기 위해 커피를 마시러 카페에 간다. 당이 떨어지니 커피에 시럽을 추가해야겠다. 잠깐, 시럽?

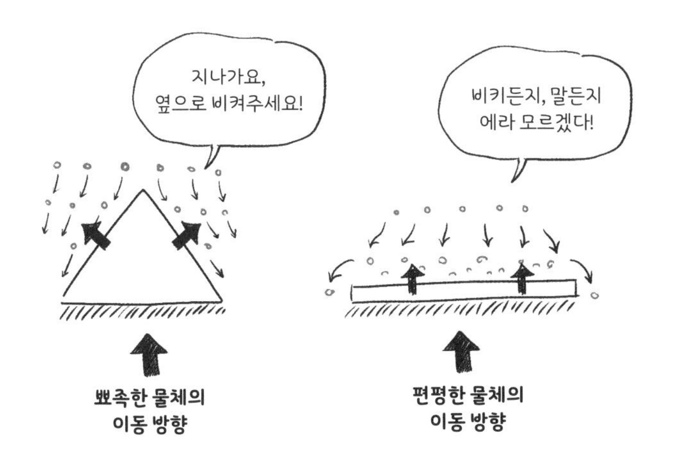

물체는 이동하면서 표면에 부딪치는 공기 분자들을 밀어낸다. 뾰족한 물체 주변의 공기 분자들은 자연스럽게 흩어지는 반면, 편평한 면에는 부딪치는 공기 분자가 훨씬 많다.

끈적한 공기의 방해
공기의 점성과 표면적

꿀이나 시럽에 막대기를 넣고 휘저어보자. 끈적거림 때문에 오래 젓다가는 팔이 아플 지경이다. 이렇게 꿀처럼 유체가 주변 물체에 달라붙어 잘 흐르지 못하는 성질을 '점성'이라고 한다. 공기도 유체의 일종이니 역시 점성을 지닌다. 물론 공기가 끈적인다는 게 잘 상상이 되지 않는 일이긴 하다. 그러나 공기의 점성이 매우 약해서 우리가 잘 느끼지 못할 뿐, 공기도 분명 약하게나마 점성을 갖고 있다.

공기의 점성을 피부로 느끼긴 힘들어도 그 특성을 눈으로 확인해볼 수 있는 현상이 하나 있다. 바로 자동차에 묻은 먼지! 아무리 깨끗해 보이는 자동차라도 손으로 살짝 만져보면 먼지가 묻어나기 마련이다. 그런데 자동차가 거센 바람을 맞으며 달리는데도 먼지가 날아가기는커녕 왜 착 달라붙는 걸까? 이 현상은 공기의 점성 때문에 발생하는 것이다. 점성이 있는 공기는 지나가는 물체에 딱 달라붙어 물체와 거의 한 몸처럼 이동하게 된다. 그러면 물체의 표면과 맞닿아 있는 바로 주변 구역에는 사실상 바람이 거의 불지 않는 일종의 막이 생긴다. 이때 막의 두께보다 먼지의 크기가 더 작기 때문에, 먼지는 바람 없는 고요한 공간에서 평화롭게 차체에 붙어 있을 수 있다(이처럼 유체의 점성 때문에 물체 주변의 흐름이 느려지는 구역을 멋진 말로 경계층boundary layer이라고 한다).

비행기처럼 거대한 물체가 빠른 속도로 공기를 가르면 점성은 무시할 수 없는 저항을 만들어낸다. 공기가 비행기의 온 표면을 감싸며 비행기가 앞으로 나아가는 것을 방해하기 때문이다. 오히려 비행기의 앞을 가로막는 공기를 밀어내는 데 드는 힘은 생각보다 별로 세지 않고, 점성으로 인한 저항이 공기저항의 큰 부분을 차지한다. 즉 이 점성의 영향을 줄이기 위해 비행기의 표면이 공기와 맞닿는 면적을 줄이는 것이 중요

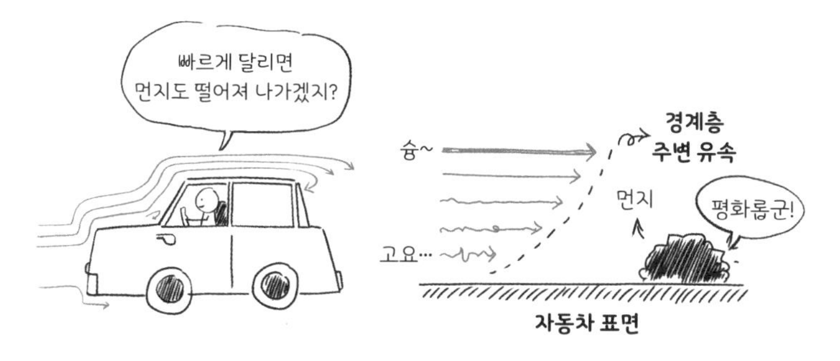

물체 표면에서는 유속이 느려진다. 따라서 표면에 붙은 작은 먼지는 달리는 차에서도 평온하게 착 붙어 있을 수 있다.

하다고 하겠다.

이제 비행기의 코가 둥근 이유에 거의 다 왔다! 뾰족한 모양으로 비행기 코를 만든다면 코가 길어질 수밖에 없다. 예리한 코일수록 각도가 완만해지니 코끝 부분이 더욱 길어지는 것이다. 길어진 코는 면적을 많이 차지하므로 더 많은 공기가 달라붙어 저항이 증가하는 효과를 가져오게 된다. 반면 둥근 코는 뾰족한 코에 비해 '짧뚱'하게 만들 수 있어 표면적이 줄어들고, 달라붙는 공기의 영향 또한 줄일 수 있다. 게다가 둥근 코는 편평한 코에 비해 공기를 밀어내는 것 역시 상대적으로 수월할 테니 공기저항을 가장 적게 받는 이상적인 코의 형태가 되는 것이다.

공기를 잘 밀어내면서도 끈적임의 영향은 덜 받는, 딱 그런 모양 없을까?

흐르는 것들의 두 가지 저항
형상저항과 점성저항

앞서 '공기를 밀어내는 데 드는 힘'과 '점성으로 발생하는 힘'을 살펴보며 비행기 코 모양이 결정되는 과정을 살펴보았다. 이 두 종류의 저항을 이르는 전문용어가 있으니, 바로 형상저항form drag과 점성저항viscous drag이다. 이 전문용어로 멋지게 위 내용을 정리해보자.

형상저항은 주변 공기와 부딪치는 물체의 모양에 의해서 발생하는 저항이다. 형상저항 측면에서 본다면 뾰족한 코가 편평한 코보다 유리하다는 것을 쉽게 알 수 있다. 하지만 형상저항을 줄이기 위해 코를 너무 뾰족하게 만들면 공기와 맞닿는 표면적이 넓어지면서 점성저항이 증가하게 된다. 그러니 자연스럽게 편평한 코와 뾰족한 코 사이 어딘가에서 형상저항과 점성저항이 적절히 타협을 이루는 최적의 지점이 존재하게 되고, 이것이 곧 우리가 보는 둥글둥글 귀여운 여객기의 코가 되시겠다.

뿌듯하게 둥근 코 이야기를 마치니 문득 드는 궁금증 하나….
그럼 여객기보다 빠른 전투기의 코는 왜 뾰족한 모양일까?

전지적 공대생 시점 TMI

비행기를 이루는 모든 것에는 다 이유가 있다. 그런데 그 이유가 딱 한 가지뿐인 것도 찾아보기 힘들다. 온갖 이유가 복잡하게 얽혀 타협을 이루는 지점에서 우리가 보는 모양의 비행기가 탄생하게 된다. 비행기 코도 마찬가지다. 여객기 코 모양을 디자인할 때는 공기저항뿐 아니라 코가 만들어내는 내부 공간의 크기, 내부 장비와의 간섭, 튼튼함과 안정성, 무게 등 다양한 부분을 고려한다.

② 그런데 전투기 코는 왜 뾰족할까?

충격파

비행기 코 모양의 비밀을 알아내기 무섭게 또 다른 궁금증이 생긴다. 그럼 전투기도 여객기와 똑같은 비행체인데 왜 코가 뾰족한 걸까? 비행기 코는 둥근 모양일 때 공기저항이 가장 작다고 했는데 말이다. 전투기는 여객기보다 비행 속도가 더 빠르니 어쩌면 공기저항을 최소화하는 것은 여객기보다 전투기에 더 중요한 일일지도 모른다. 그럼에도 전투기 코가 뾰족하다는 것은 무엇을 의미하는 걸까?

전투기와 여객기의 차이를 꼽아보자면, 일단 전투기는 빠르다. 여객기가 최대 1000km/h로 비행한다면, 전투기는 2500km/h 이상으로 날아가기도 하니까. 모르긴 몰라도 아마 이 빠른 속도가 코 모양에 영향을 주지 않았을까 싶다. 이제

전투기 코는 확실히 뾰족하긴 하다.

비행기가 속도를 서서히 높일 때 어떤 일이 발생하는지 따라가보자. 아, 그전에 '공기가 흐른다'는 것이 무슨 의미인지 짚고 넘어가자.

압력이란 무엇일까?
공기가 서로의 소식을 전달하는 법

공기 중을 나아간다는 건 어떤 모습일까? 앞서 우리는 코 모양이 뾰족하면 공기를 잘 밀어낼 것 같다고 이야기했다. 공기 중을 나아간다는 것은 곧 공기를 가른다는 것, 즉 내가 나아갈 방향에 있는 공기를 옆으로 치워내는 것을 의미한다.

공기는 공에 직접 닿지 않아도 공 주변을 피해 가는 흐름을 만든다.

한편 공기를 치워낸다는 것이 럭비 선수마냥 공기와 직접 부딪쳐 튕겨낸다는 뜻은 아니다. 위 사진의 축구공 주변을 부드럽게 흐르듯 지나가는 공기의 궤적을 보자. 공기는 공에 미처 닿기도 전에 옆으로 돌아가는 흐름을 만들어내며 공을 매끄럽게 피해 간다. 이런 인위적인 흐름 말고도 계곡 여기저기에 솟은 바위 주변을 흐르는 물에서도 이 모습을 볼 수 있다. 계곡물은 바위와 부딪쳐 물방울을 모두 튕겨내지 않고도 바위 주변을 감싸는 흐름을 따라 흘러간다. 이처럼 유체를 가른다는 건 단순히 튕겨내는 것이 아닌, 매끄럽게 물체 주변을 흘러나가는 길을 만들어내는 것과 관련이 있다.

그나저나. 여기서 눈여겨볼 점은 공기가 공에 닿기 전에 미리 비켜났다는 것이다. 공기에 눈이 달렸을 리도 없는데 말이다. 막상 생각해보니 이 당연한 흐름은 어떻게 생긴 것인지 새삼 신기하다.

공기가 길을 내어주는 원리는 모르고 넘어간다 해도, 공기가 앞에 있는 공을 피해 간다는 건 분명 공이 있다는 사실을 '아는' 방법이 있다는 뜻이다. 공기처럼 '흐르는 것들'은 눈에 보이지 않는 무수히 작은 분자 뭉텅이의 형태를 띠고 있다. 분자들 중에는 물체에 맞닿아 있는 친구들도 있을 것이다. 이들이 어떤 이유로 물체에 부딪혀 밀려나게 되면, 튕겨난 분자는 주변의 분자와 부딪치며 주위의 분자를 밀어낸다. 갑작스레 충격을 받은 주위의 분자는 그 주변의 분자를 밀어내고, 이런 부딪침이 반복되면서 물체와 멀리 떨어져 있는 공기도 "누가 뭐에 부딪혔나 보다…" 하는 정보까지는 알게 된다.

공기 분자들이 이리저리 밀리는 이 상황은 출퇴근길 만원 지하철을 떠올리면 이해하기 쉽다. 꽉 찬 지하철에서 내 의지와는 상관없이 사람들이 타고 내리는 흐름에 떠밀려 다닐 때가 있다. 이때는 시선을 핸드폰에 고정하고 있어도 몸의 밀림에 따라 "사람이 많이 타는구나", "많이 내리는구나" 하고 알 수 있다. 열차 문에서 떨어져 있어도 이리저리 밀리며 출입구 쪽 소식을 전달받는 것과 마찬가지다. 공기는 자기 앞에 있는

물, 공기, 인파와 같이 흐르는 것들은 압력의 변화로 주변의 소식을 전달받는다.

것이 공인지 돌멩이인지에는 관심이 없다(그래서 눈이 있을 필요도 없다). 단지, 주변에서 밀어내니 밀리는 것일 뿐이다.

여기서 분자들이 서로 부딪치며 만들어내는 힘을 '압력'이라고 부른다. 그렇다. 유체의 흐름을 만들어내는 본질은 바로 이 압력에 있다. 물체 가까이에서 밀려나는 공기에 의해 물체 주변의 압력이 높아지게 되고, 이 압력이 주변 공기를 밀어내며 암묵적으로 물체의 소식을 전한다. 소식이 전달되는 과정이 반복되면서 물체 근처를 매끄럽게 돌아나가는 유체의 흐름이 만들어지게 된다. 이렇듯 유체의 흐름이란 압력이라는 소식통을 통해 만들어지는 것이다! 즉 공기가 압력을 통해 주변 소식을 잘 전달받는 것이 공기를 부드럽게 가르는 핵심적인 방법이라고 할 수 있다.

소식도 없이 찾아온 불청객
충격파의 정체

한편 소식이 전달되는 데에도 시간이 필요하다. 물체에 직접 부딪혀 튕겨난 공기도 옆의 공기를 밀어내는 데 시간이 걸린다. 나아가 전체 흐름이 만들어지는 데에는 더 긴 시간이 필요할 것이다. 우리가 공기 중을 걸어 다닐 때처럼 물체가 느린 속도로 움직인다면 공기는 물체 주변으로 손쉽게 비켜난다. 주변 공기에 압력이 전달되고 흐름이 형성되기까지 걸리는 시간이 충분하기 때문이다. 우리가 걸으면서 공기저항을 별로 느끼지 못하는 것은 바로 이런 연유에서다. 만약 이 상태에서 점점 빠르게 공기를 가르면 어떻게 될까? 주변 공기는 조금 급하게 소식을 접하게 된다. 물체의 속도가 빨라질수록 물체가 밀어내는 부분의 공기가 오밀조밀 뭉쳐 압력이 높아지면서 주변의 공기가 더 큰 힘으로 급하게 밀려나게 된다.

여기까지는 여객기가 날아가는 속도에서 발생하는 이야기다. 물론 여객기 역시 상당히 빠르게 움직이지만, 공기가 압력을 통해 소식을 전달하는 속도보다는 아직 조금 느린 편이다.

그렇기 때문에 우리가 걸을 때에 비해서는 공기의 이동이 더 빠르겠지만, 공기 분자들은 비행기 코 주변으로 흘러 나가는 흐름을 만들게 되고 비행기가 나아갈 공간을 흔쾌히 내어준다.

그런데 전투기는 이보다 더 빠른 속도의 영역에서 움직이는 물체다. 문제는 이 속도 영역이 바로 공기가 소식을 전하는 속도보다 더 빠른 영역이라는 점이다. 앞에 물체가 있다는 소식이 채 전달되기도 전에 눈앞에 물체가 갑자기 등장해버리면 어떤 일이 일어날까? 평화롭게 지내던 공기 분자는 소리 소문없이 갑자기 등장한 물체를 코앞에서 마주하게 된다. 그것도 매우 빠르게 다가오는 물체를 말이다. 아직 아무 소식도 전달받지 못한 이 공기 분자는 움직일 동기가 전혀 없는 상태였을 것이다. 이럴 땐 공기 분자에게 별다른 선택지가 없다. 어안이 벙벙한 공기 분자는 물체와 말 그대로 부딪치며, 앞서 밀려오던 자신과 비슷한 처지의 다른 공기 분자들과 함께 강제로 튕겨 나가게 된다. 이처럼 물체의 이동 속도가 공기가 '소식을 주고받는 속도'를 넘어서는 순간, 공기를 가르는 것의 의미는 변한다. 공기가 비켜나는 흐름을 만드는 것에서 직접 공기를 튕겨내는 것으로.

한꺼번에 들이닥친 '충격적인 소식'이 전달되면 당연하게도 엄청난 공기저항이 발생한다. 공기에서 '소식'이란 곧 '압력'

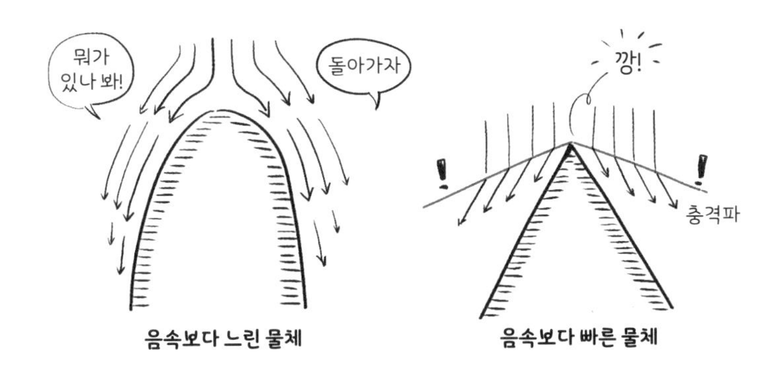

공기가 소식을 주고받는 속도보다 물체의 속도가 빨라지면 충격파를 발생시킨다.

이다. 즉 충격적인 소식은 굉장히 높은 압력을 가진 공기층이 되고, 비행기 앞에 일종의 보이지 않는 벽의 형태로 나타나게 된다. 이 보이지 않는 벽이 우리가 충격파shock wave라고 부르는 것의 정체다.

이제 전투기 코 모양이 왜 그렇게 생길 수밖에 없는지 그 이유가 보이기 시작한다. 공기의 소식보다 빠르게 비행하는 전투기의 코는 앞에 켜켜이 쌓여 있는 공기의 압력을 온전히 받아내며 압력의 벽, 곧 충격파를 뚫어내야 한다. 그래서 전투기의 코는 송곳처럼 충격파를 예리하게 가르기 위해 뾰족한 모양을 가지게 되었다. 공기 사이에 소식이 전달되는 속도보다 더 빠른 속도로 비행하기 위해 의도적으로 만들어진 형태인 것이다.

그런데 여전히 해결되지 않는 궁금증이 하나 남는다. 도대체 공기의 세계에서 '소식의 속도'라는 것이 무엇일까? 공기 흐름의 형태를 완전히 바꾸는 기준이니 분명 중요한 속도일 텐데 말이다. 공기는 압력으로 서로를 밀어낸다고 했으니, 결국 압력 변화가 퍼져나가는 속도가 '소식의 속도'일 것이다. 그렇다면 공기 중의 압력이 변하며 주변으로 퍼져나가는 것이 뭘까? 압력이 공기 중에서 퍼져나가는 것. 이거 어디선가 들어본 표현 같은데…?

공기가 소식을 주고받는 속도
음속이라는 장벽

사실 우리는 공기 중에서 압력이 퍼져나가는 것이 무엇을 의미하는지 이미 잘 알고 있다. 공기 압력의 변화를 직접 느끼고 있기 때문이다. 바로 귀를 통해 '소리'를 듣는 방식으로! 그렇다. 공기 분자 사이에 소식이 전파되는 것은 곧 소리가 퍼져나가는 것과 정확히 똑같다. 즉 그 '소식의 속도'는 곧 소리가 퍼져나가는 속도, '음속'을 말한다. 전투기 코가 뾰족한 것은 음속보다 빠르게 날기 위함이다. 종종 뉴스에서 '음속 돌파'라는 말을 듣고 대체 소리와 비행기가 무슨 관련이 있는 건지 궁금해했던 적이 없는가? 이제 의문이 풀리기 시작한다.

음속을 돌파하는 여객기인 콩코드 역시 뾰족한 코를 갖고 있다.

앞서 공기의 형상저항과 점성저항에 대해 알아보았다. 이번에 알게 된 저항은 새로운 종류의 저항으로 별도의 이름을 갖고 있다. 바로 음속의 벽으로 인한 저항, 충격파 저항(조파저항) wave drag이다. 충격파 저항은 다른 저항들보다 월등히 큰 편이어서 음속 돌파 시에는 이 외의 다른 저항에 신경 쓸 겨를이 없어진다. 오로지 이 벽을 뚫는 데 집중해야 음속을 돌파할 수 있다. 그렇기 때문에 전투기는 음속보다 느린 구간에서의 효율을 다소 희생하더라도 뾰족한 코를 택할 수밖에 없었을 것이다.

이제 우리는 음속을 기준으로 공기의 성질이 완전히 변한

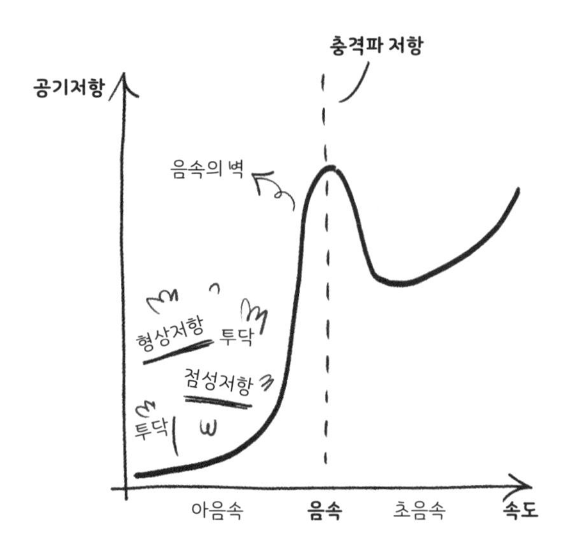

충격파는 엄청난 공기저항을 일으킨다. 형상저항과 점성저항에 신경 쓸 겨를이 없을 정도로 말이다.

다는 것을 전투기의 코 모양을 살펴보며 알게 됐다. 그런데 공기의 성질이 완전히 변한다는 건 비행기 입장에서는 꽤 큰일일 텐데, 이 음속을 넘어서는 과정에서 많은 난제들이 발생하진 않았을까? 음속이 고작 비행기의 코 모양에만 영향을 미쳤을 것 같지도 않고 말이다. 음속이 비행기에 남긴 또 다른 흔적은 무엇일까?

전지적 공대생 시점 TMI

음속과 비행의 관계를 처음 경험했던 파일럿들은 적잖이 당황하고, 또 목숨을 잃는 사고를 당하기도 했다고 한다. 제2차 세계대전이 한창이던 1940년대 초반, 프로펠러 전투기 조종사들은 급강하 시 비행기가 파손될 정도의 엄청난 진동을 경험했다. 전투기가 특정 속도에 도달하면 마치 벽에 부딪힌 것처럼 속도가 증가하지 않고 무서운 진동과 함께 조종 불능 상태에 빠졌다고 한다. 소리의 속도에 다다른 전투기는 미처 비켜나지 못한 공기와 격렬하게 충돌했을 것이다.

③ 음속을 돌파하면 일어나는 일

엔진 노즐의 과학

공기의 흐름은 소리의 속도를 기준으로 완전히 달라진다. 비행기 입장에서 공기의 성질이 이렇게 급변하는 건 엄청난 변화일 것이다. 음속이 도대체 뭐길래? 이야기가 깊어지기 전에, 모래시계를 떠올려보자. 모래시계를 뒤집어 모래가 쪼르르 흘러내리면 이제 이야기를 시작할 준비가 된 것이다.

들어간 만큼 나온다
모래시계와 연속의 법칙

모래시계 가운데로 모래가 빠져나간다. 넓은 지점의 모래는 움직이는 둥 마는 둥 변화가 미미한 반면, 모래시계의 좁은 구

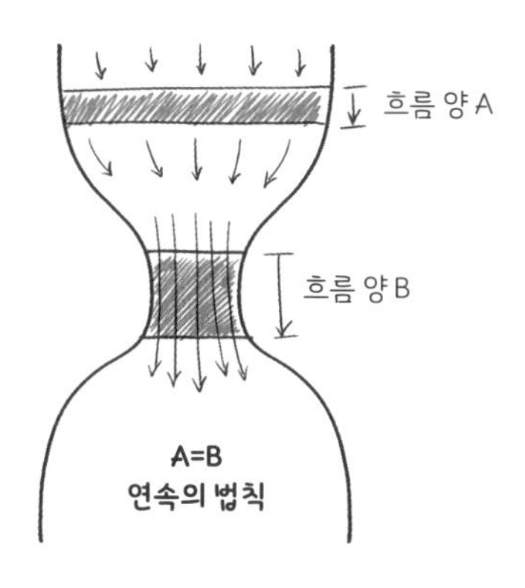

연속의 법칙은 한마디로 "들어간 만큼 나와줘야 하는 법"이라고 할 수 있다. 모래시계 안에서 같은 시간 동안 각각 A와 B만큼 이동했다면, A의 흐름과 B의 흐름은 동일한 양이어야 한다.

멍을 지나가는 모래 알갱이들은 열심히 구멍을 통과하기 바쁘다. 모래가 열심히 빠져나가더라도, 구멍의 크기가 워낙 좁다 보니 넓은 면적의 윗부분에서는 아래 방향으로 나아가는 티가 크게 나지 않는다.

길을 따라 어떤 흐름이 만들어진다면 길의 각 지점에서 모래가 흐르는 양은 똑같아야 한다. 넓은 곳이든 좁은 곳이든 들어간 만큼 나와야 하는 법. 이렇게 항상 같은 양이 흐르기 위해서는 넓은 곳에서는 천천히, 좁은 곳에서는 빠르게 흘러줘야 한다. "어디든 흐르는 양은 같다"라는 이 순리를 과학자들은 '연속의 법칙'이라 불렀다. 연속의 법칙은 '법칙'이란 단어가 말하듯, 물리적으로 위배할 수 없는 지위를 굳건히 지킨다. 이 법칙이 깨진다는 건 모래가 관 안에서 사라지거나 생겨난다는 걸 의미하니, 어쩌면 당연한 이야기이기도 하다.

모래시계에서 흘러내리는 모래를 보고 있자니 한편으론 신기한 생각이 든다. 위쪽에 놓인 모래와 좁은 통로의 모래는 서로 멀리 떨어져 있지만, 각자 느리게 흐를지 빠르게 흐를지 어떻게 아는 걸까? 마치 아래쪽에 좁은 통로가 있어 위쪽에선 천천히 가야 한다는 걸 안다는 듯, 그리고 위에 내려가고 싶어하는 모래가 많으니 아래쪽에선 빨리 가야 한다는 걸 안다는 듯 말이다. 모래는 기가 막히게 각 구간에서의 속도를 조율한다. 윗동네 모래와 아랫동네 모래의 합의 과정이야 어떻게 되었든, 한 가지 확실한 사실은 모래시계의 모래들도 주변 상황에 대한 소식을 전달받고 있는 하나의 흐름이라는 것이다.

이제 자연스럽게 짓궂은 궁금증이 떠오른다. 속도가 매우 빠른 흐름에서는 어떤 일이 일어날까? 흐름의 속도가 너무 빠른 나머지, 모래 알갱이들이 서로의 소식을 알 수 없게 된다면 모래시계의 모래들은 어떻게 흐르게 되는 걸까? 연속의 법칙은 과연 지켜질 수 있을까?

전지적 공대생 시점 TMI

과학자들은 연속의 법칙을 수식으로 표현해놓았는데, 이렇게 탄생한 것이 바로 연속 방정식Continuity equation이다.

$\rho \times A \times V = constant$ (밀도 × 면적 × 속도는 일정하다.)

한편 모래시계 속 모래의 흐름, 물의 흐름, 선선한 바람의 흐름처럼 일상 속 유체의 흐름에서는 대체로 밀도의 변화를 무시할 수 있다. 그렇다면 위 공식에서 '밀도' 부분을 지울 수 있게 되는데, 이렇게 '밀도'를 지운 공식은 곧 "같은 관을 흐르는 유체의 흐름이 있을 때, 관이 3배 넓어지면 속도는 3분의 1로 줄어들고, 관 넓이가 절반이 되면 속도는 2배가 된다"는 것을 뜻한다.

법칙은 지키라고 법칙이니까
압축과 팽창

모래들이 이뤄낸 합의는 '연속의 법칙'을 지키는 좋은 방법이었다. 하지만 흐름의 속도가 빨라지면 소식이 제대로 전달되지 않아 '넓은 곳은 느리게, 좁은 곳은 빠르게'라는 합의가 점점 파기되기 시작한다. 소식이 전달되지 않으면 앞에 좁은 길이 있는지, 넓은 길이 있는지 알 수 없기 때문이다. 그러면 연속의 법칙은 어떻게 될까? 법칙이 깨지게 되는 걸까? 하지만 법칙은 깰 수 없으니까 법칙인데? 분자 간에 소식이 전해지는 속도보다 유체가 빠르게 흐르는 상황이라면 유체는 자기 앞뒤로 무슨 일이 일어나고 있는지 알 수 없다. 때문에 속도를 유기적으로 바꾸는 기존의 방식으로는 연속성을 유지할

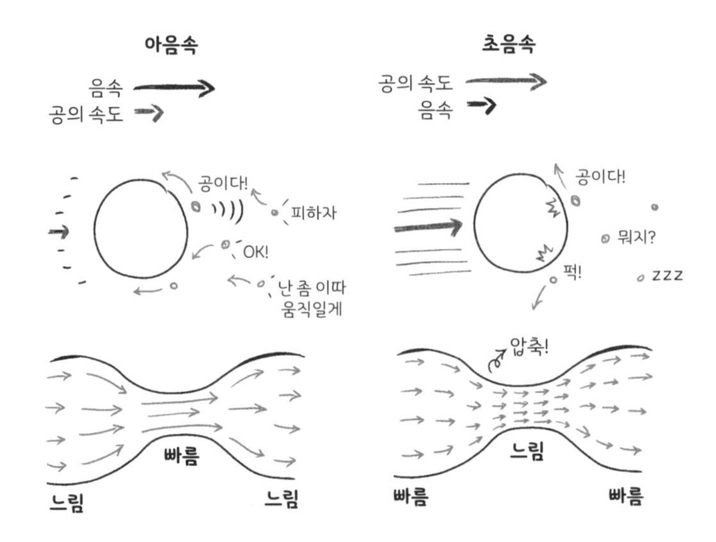

음속을 기준으로 유체의 성질은 정반대로 바뀌게 된다.

수 없게 된다. 하지만 물리법칙은 깰 수 없으니 법칙인 법. 유체는 기존과는 다른 방식으로 연속의 법칙을 지키게 된다. 이제 모래시계를 떠나 우리가 관심을 두고 있는 유체인 공기 이야기로 넘어가보자.

공기 역시 주변 상황에 대한 소식을 전달받지 못하면 기존 방식으로는 연속의 법칙을 지킬 수 없게 된다. 이제 앞을 내다볼 수 없게 된 공기는 당장 눈앞에 처한 상황에만 반응하기 시작한다. 길이 좁아진다는 소식을 모르는 공기는 속도를 줄이지 못하고 결국 좁은 길목에 빽빽하게 몰리게 된다. 반대로 길목이 넓어지면 빽빽한 공간에서 벗어나 넓은 공간으로 밀려나가듯 퍼져나간다. 이제 공기는 길이 좁아지면 주변 공기들과 함께 뭉치고 길이 넓어지면 퍼지는 성질을 보이기 시작한다.

결국 소식의 전달이 약해지는 것이 공기의 압축-팽창 현상을, 다른 말로는 밀도의 변화를 일으키는 것이다. 밀도의 변화(뭉침과 퍼짐) 없이 속도만 조절하던 때와는 사뭇 다른 방식이다.

공기의 흐름이 점점 빨라지면서 공기는 속도를 조절하는 기존의 방식과 더불어 밀도를 조절하기 시작한다. 그러다가 공기 흐름의 속도가 음속을 앞지를 때, 즉 연속의 법칙을 지키는 방법으로 압축과 팽창만이 남을 때, 공기의 성질은 '완전히' 달라져버린다.

공기가 압축된다는 건 밀도가 높아진다는 의미이면서 동시에 서로 밀어내는 '압력'이 높아진다는 의미다. 공기 분자가 소식을 전달하는 속도보다 빠른 흐름에서는 길이 좁아질수록 공기가 뭉쳐 압력이 높아지고, 길이 넓어질수록 공기가 퍼져 압력이 낮아진다. 공기는 압력이 높은 곳에서 낮은 곳으로 힘을 받는 법이니 공기의 속도는 좁은 곳에서 느려지고 넓은 곳에서 빨라진다. 병목에서 빠르고 넓은 곳에서 느린 기존의 현상과는 정반대다. 음속을 기준으로 공기가 완전히 다른 성질을 갖게 된 것이다!

연속의 법칙… 압축 팽창… 너무 많은 이야기가 나오니 머리가 복잡해진다. 이 내용으로 시험을 볼 것도 아닌데, 좀 더 쉽게 이해해볼 수는 없을까?

"앞차는 어디쯤 있나요?" 교통 흐름으로 살펴보는 공기역학

공기나 물의 흐름처럼 눈에 보이지 않는 것을 상상하자니 조금 어렵게 느껴진다. 하지만 유체의 속도에 따른 흐름의 성질 변화를 우리 눈으로도 쉽게 확인해볼 수 있는 방법이 있다. 바로 주변을 둘러보면 어디에나 존재하는 도로 위 자동차들의 흐름이다. 도로 위 교통 흐름을 보면 공기 흐름의 모양을 엿볼 수 있다.

우선 세 가지 길을 상상해보자. 하나는 시내의 막히는 길이다. 자동차들이 속도를 늦추고 운전자는 앞차가 어떤 상태인지 쉽게 알 수 있는 상황이다. 두 번째는 뻥 뚫린 고속도로다. 차들이 듬성듬성 있고 운전자는 앞의 차를 볼 수 있지만 그 수가 많지는 않다. 마지막은 안개가 낀 도로다. 안개가 어찌나 심한지 도로에 차량이 꽤 많은데도 앞의 차만 간신히 보인다.

첫 번째 길에서는 운전자가 앞차의 속도에 금방 맞출 수 있다. 차 간 거리도 크게 바뀌지 않는다. 달리다 보면 길이 합쳐지는 구간이 나오는가 하면, 공사로 인해 도로 폭이 줄어들기

눈에 보이지 않는 공기 입자를 자동차에 빗대어 생각해보면 이해하기가 훨씬 쉽다. 교통 흐름도 '흐름'이란 것을 기억하자.

도 한다. 이렇게 길이 합쳐지거나 도로 폭이 좁아지는 지점 전까지가 가장 정체가 심하다. 이 구간만 지나면 길이 좁더라도 정체가 점점 풀리기 시작한다. 이처럼 매우 느린 속도로 움직이면서 차량 사이의 간격이 비슷할 때 병목구간에서 도로 폭이 좁아지면 속도가 빨라지는 모습을 볼 수 있다. 오?! 모래시계에서 봤던 흐름과 비슷하지 않은가? 이처럼 앞뒤 차의 상태도 충분히 알 수 있고, 간격이 일정하게 유지되는 흐름을 공기에서는 음속보다 느린 흐름, '아음속'이라고 부른다.

자동차 속도가 빨라진 고속도로에서는 상황이 약간 달라진다. 고속도로에서는 우리가 받아들이는 소식(앞차의 상황)이 여전히 유효하지만 막히는 도로에서만큼 신속하게 알아차릴 수 없다. 차 간 거리가 멀어졌고 우리가 볼 수 있는 시야에도 한계가 있기 때문이다. 고속도로에서는 앞차가 속도를 낮추면 뒤차도 속도를 늦추면서 동시에 둘 사이의 거리도 가까워진다. 소식의 속도에 비해 움직임의 속도가 빨라지면 이처럼 '압축'되는 효과가 나타나기 시작한다. 속도도 적당히 조절되면서 밀도도 함께 변하는 그런 상태다.

그러다가 소식이 아예 전달되지 않으면(앞차가 아예 보이지 않는다면) 어떻게 될까? 안개가 자욱한 상황을 상상해보자. 차들이 천천히 달린다 한들, 멀리 신호등에 빨간불이 켜져도 뒤차는 이 사실을 알 길이 없으니, 차들은 바로 앞차의 움직임만 보고 대처해야 한다. 이때는 미리 속도를 줄이거나 가속할 수 없으므로 주변의 차들이 2차선에서 1차선으로 합쳐지면 속도가 즉각적으로 느려지고, 1차선에서 2차선으로 넓어지면 조금은 여유롭게 속도를 낼 것이다. 이런 흐름을 공기에서는 '초음속'이라고 부른다. 앞 장에서 전투기가 비행하는 영역의 공기에서는 안개 낀 도로와 같은 흐름이 만들어진다고 보면 된다.

전지적 공대생 시점 TMI

실제로 교통공학 분야에서도 충격파라는 단어를 사용한다. 교통상황의 변화가 도로 위로 퍼져나가는 현상을 설명할 때 사용한다. 유체의 흐름을 설명하는 개념이 교통의 흐름에도 적용되는 재밌는 사례다.

조금 더 나아가 안개 낀 도로에서 어떤 자동차가 급정거했다고 생각해보자. 뒤따라오는 차 역시 정지한 차를 보고 급하게 정지하고 그 뒤의 차들도 비슷하게 깜짝 놀라 멈추기 시작할 것이다. 정지한 자동차를 기준으로 급정거한 차들의 행렬이 도로 뒤로 퍼져나가는데, 이것이 바로 음속을 돌파할 때 나타나는 '충격파'에 상응한다. 흐름의 급격한 변화를 일으키는 존재이자 전투기의 뾰족한 코가 뚫어내는 바로 그 '충격파'가 교통 흐름에서도 발견되는 셈이다.

아음속에서 초음속까지
변화무쌍한 엔진 꽁지 모양

앞서 우리는 아음속에서는 길이 좁아질 때 공기가 빨라졌지만, 초음속에서는 길이 넓어질 때 공기가 빨라진다는 것을 확인했다. 한편 공기의 속도에 아주 관심이 많은 장치가 비행기에 있었으니, 바로 엔진 되시겠다. 엔진은 공기를 빨아들이고 강하게 밀어내면서 추력을 만들어내는 장치다. 빨아들인 공기를 빠른 속도로 내보낼수록 힘이 강해지는 특성상 아무래도 공기 속도에 관심이 많을 수밖에 없겠다.

엔진이 공기를 내뱉는 구멍을 배기구 혹은 노즐nozzle이라 한다. 노즐로 공기가 뿜어져 나오는 속도는 엔진 노즐의 모양에

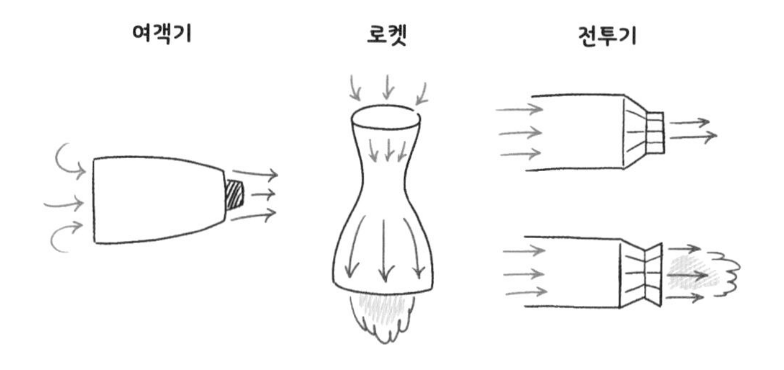

아음속으로 기체를 배출하는 여객기 엔진의 노즐은 좁아지는 형태이고, 초음속으로 기체를 배출하는 로켓의 노즐은 좁아지다 유속이 음속에 도달한 지점부터 넓어지는 형태를 띤다. 전투기 엔진의 배출 속도는 아음속과 초음속을 넘나들어야 하므로 노즐의 형태를 때에 따라 변형한다.

도 크게 영향을 받는다. '공기 흐름의 속도' 하면 우리가 지금까지 이야기해온 주제가 아니던가! 노즐이 어떤 모양일 때 가장 빠르게 공기를 밀어낼 수 있을지 알아보자.

우선, 엔진이 갓 밀어낸 공기의 속도가 음속보다 느릴 때는 어떻게 해야 추력을 더 늘릴 수 있을까? 음속보다 느린 아음속이니 노즐의 면적이 좁을수록 공기의 흐름이 빨라지고, 결과적으로 추력이 커진다. 이런 노즐을 가진 비행기가 바로 여객기다. 여객기의 엔진은 공기 속도를 높여 추력을 증가시키기 위해 십중팔구 뒤로 갈수록 좁아지는 형태를 띤다. 모래시계에서 볼 수 있는 아음속 흐름의 흔적을 엔진 모양에서도 볼 수 있는 것이다.

반면 상상 이상으로 강한 힘을 내야 하는 엔진이 있다. 바로 지구를 탈출하는 데 사용되는 로켓 엔진이다. 욕심 많은 로켓 엔진은 여객기 수준의 배출 속도에는 만족하지 못한다. 그렇다고 여객기 엔진처럼 노즐을 계속 줄이자니 문제가 발생한다. 바로 배출가스가 가속되다 못해 음속에 도달해버리는 것인데, 음속에 도달하고 난 뒤부터는 길이 좁아지면 오히려 속도가 줄어드는, 완전히 반대 현상이 일어난다는 것을 우리는 이제 알고 있다. 엔진 노즐을 아무리 줄여도 배출 속도는 음속에 머무르고, 배출되는 구멍만 좁아지니 결국 내보내는 흐름 자체가 막히는 이상한 상황이 펼쳐진다.

로켓은 음속보다 더 빠른 속도로 공기를 가속하기 위해 공기가 딱 음속에 도달한 지점부터 반대로 노즐을 넓혀버린다. 초음속 흐름이 만들어지면 공기의 성질이 반대가 되는 원리를 이용한 것이다. 결과적으로 로켓 엔진은 처음에는 좁아졌

전지적 공대생 시점 TMI

추가로 배출 속도가 아음속과 초음속 영역을 넘나드는 엔진을 사용하는 비행기가 있다. 눈치챘겠지만 바로 전투기다. 전투기는 평상시에는 아음속으로 공기를 밀어내다가도 높은 추력을 내야 할 때는 초음속으로 공기를 밀어내야 할 필요가 생긴다. 사정이 이렇다 보니 전투기 꽁지는 필요한 추력에 따라 노즐의 형태가 변형되도록 설계되었다. 여객기나 로켓은 꽁지 모양이 고정되어도 그만이지만 전투기는 필요한 추력 영역이 넓다 보니 엔진 꽁지를 만드는 데에도 더 많은 정성이 들어가는 것이다.

다가 다시 넓어지는 종 모양의 엔진 꽁지를 갖게 되었고, 무려 음속의 30배라는 엄청난 속도로 배출가스를 뿜어낸다. 우리가 보는 여객기 엔진은 끝이 오므라들지만 로켓 엔진은 넓게 퍼지는 모양으로 만들어진 이유가 바로 여기에 있다.

우리는 여객기와 전투기의 코 모양이 왜 다른지 살펴보다가 음속의 정체와 흐름의 성질에 관한 이야기에 다다랐다. 소리보다 느린 아음속의 속도로 날아가는 여객기는 충격파에 대해서 걱정할 필요가 없다. 그래서 자연스럽게 가장 공기저항이 작은 둥근 코를 갖게 되었다. 반면 전투기는 음속 너머의 속도에 눈독을 들였고 충격파를 뚫어내며 날아가야 하기 때문에 뾰족한 코를 가질 수밖에 없다. 한편 음속 전후의 흐름 속도 차이는 비행기의 코에만 영향을 준 것이 아니다. 음속을 기준으로 공기의 흐름 속도를 결정하는 성질 자체가 변한다. 때문에 이 공기의 속도에 민감한 장치인 엔진의 노즐 모양을 바꾸는 데에도 영향을 준다. 이처럼 비행기의 코와 엔진 꽁지의 모양에는 아음속과 초음속 흐름에 대한 이야기가 담겨 있다.

공기의 성질과 비행기 코와 엔진 꽁지까지 많은 이야기를 다루었지만 아직 비행기 코 모양에 대한 이야기를 끝낼 수는 없을 것 같다. 여전히 설명되지 않는 비행기가 눈에 밟혀서다.

음속보다 빠른 비행 속도에서는 뾰족한 코가 유리하다. 그런데 생각해보면 전투기보다 훨씬 빠르게 날면서도 둥근 코를 가진 비행체가 있다. 바로 우주와 지구를 드나드는 비행체, 우주왕복선이다.

④ 태양보다 뜨거운 공기를 피하는 법

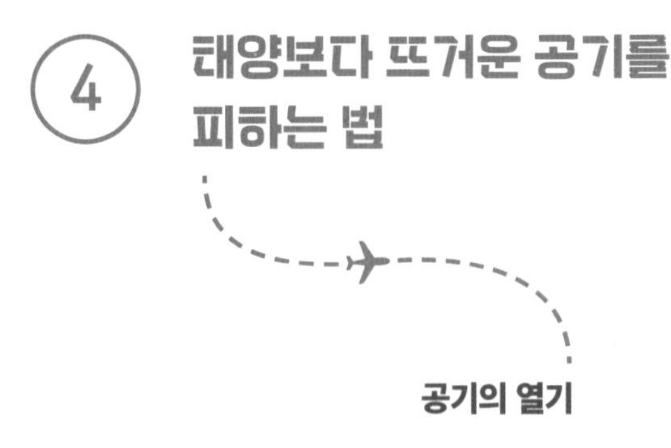

공기의 열기

우주왕복선은 우주를 유영하다 지구의 대기권으로 귀환할 때 무려 음속의 25배에 달하는 속도로 비행한다. 대부분의 전투기가 빨라야 음속의 3배에 도달할까 말까 한데, 25배라니 빨라도 너무 빠른 것이다. 그런데 이상한 점이 하나 보인다. 엄청난 충격파를 마주할 것이 분명한 우주왕복선은 아주 태연하게도 넓고 둥근 코를 갖고 있다. 전투기도 음속의 벽을 뚫기 위해 뾰족한 코를 갖고 있는데, 우주왕복선은 무슨 배짱인 걸까? 다시 비행기 코 모양 이야기로 돌아와 우주왕복선의 코 모양에 대한 해명을 들어보자.

우주왕복선은 전투기보다 훨씬 빠르지만 둥글고 뭉툭한 코를 갖고 있다.

귀환하는 우주선의 속도는 음속의 25배

로켓을 쏘아 올릴 때 심심치 않게 들려오는 숫자가 있다. 바로 우주로 날아간 로켓의 속도다. 인공위성이나 우주선이 중력과 균형을 맞추며 지구 주위를 돌기 위해서는 꽤 빠른 속도로 움직여야 한다. 대부분의 우주선이 지구와 가까운 지구저궤도를 선호하는데, 이 경우 움직이는 속도는 7.8km/s 정도. 공기가 없는 우주공간을 쏘다닐 때는 이 속도가 문제 될 것이 없지만, 우주선도 언젠가는 공기가 있는 지구로 돌아와야 한다. 우주왕복선이 지구로 귀환할 때면 궤도를 돌던 속도인 7.8km/s의 속도로 지구의 품으로 달려들게 된다.

우주왕복선이 지구로 진입하는 대기에서 소리의 속도는 약 280m/s로 우주왕복선의 속도가 음속보다 훨씬 빠르다. 엄청난 충격파가 예상되지만 우주왕복선의 코를 보면 날렵하기는커녕 둥글둥글하고 뭉툭하기 그지없다. 사실 코만 그런 것도 아니다. 날개도 '짧뚱'하고, 몸통도 두툼하고 이리 보나 저리 보나 그렇게 빠르게 날아다니는 물체로는 보이지 않는다.

전투기의 코 모양이 여객기와 다른 것은 비행 속도가 빨라지면 공기 특성이 변하기 때문이었다. 혹시 이번에도 그런 것은 아닐까? 우주왕복선의 사정을 이해하기 위해 이번엔 전투기보다 빠른 속도로 흐르는 공기를 상상해보는 게 좋겠다.

음속보다 빠른 속도로 물체와 부딪힌 공기는 순간적으로 압축되며 높은 압력의 '충격파'를 만들어낸다. 앞서 이 보이지 않는 충격파의 높은 압력 때문에 전투기가 속도를 내는 데 고생하는 것도 살펴봤었다. 한편 충격파에 속한 공기는 높은 압력 말고도 또 다른 특성을 보인다. 오밀조밀 꾹꾹 뭉친 공기 분자들은 서로 격렬하게 부딪치기 시작하고, 그 결과 '열'이 발생한다. 즉 충격파는 높은 압력과 열기를 내뿜는 공기의 벽 같은 것인데, 마치 갑자기 이렇게 밀어내면 어떡하냐며 공기가 화를 내는 것만 같다.

과학자들은 물체 주변을 흐르는 공기의 속도를 점차 높여가며 공기가 얼마나 뜨거워지는지를 연구했는데, 유체의 속도가 음속보다 더 빠를수록 충격파가 빠르게 뜨거워지는 것을 확인했다. 공기가 음속의 1.5배로 물체에 부딪치자 상온의 공기는 충격파에서 순간적으로 100℃까지 뜨거워졌다. 음속의 2배가 되자 온도는 230℃가 되었고, 음속의 3배에서는 530℃, 음속의 4배에서는 무려 940℃가 되는 것이 아닌가! 940℃면 알루미늄을 충분히 녹이고도 남는 엄청난 열이다. 그럼 철은 음속의 몇 배까지 버틸 수 있을까? 철의 녹는점은 약 1500℃. 이 온도 역시 음속의 5배 정도면 충분히 만들어낼 수 있었다. 이 말인즉 철로 만든 비행기는 음속의 5배를 넘기는 순간 하늘에서 그대로 녹아버릴 수 있다는 뜻이다.

우주왕복선이 지구로 귀환할 때의 속도인 7.8km/s를 음속의 속도로 환산하면 무려 마하 25, 음속의 25배다. 음속의 5배만 되어도 철을 녹일 정도의 열이 발생했는데, 음속의 25배면 대체 얼마나 뜨거운 열이 발생할지 계산하기도 무서울 지경이다. 실제로 우주왕복선이 대기권에 진입하면 약 7000℃(태양 표면온도는 5500℃)의 열이 발생한다고 한다. 견고하기로 유명한 다이아몬드도 3550℃에서 분해되므로 사실상 7000℃를 견딜 수 있는 소재는 없다고 봐야 한다. 아니 그러면, 우주왕복선이 우주를 왕복하는 것이 애초에 가능한 일이긴 한 걸까!

태양보다 뜨거운 용광로
열을 가져가는 것은 누구?

아니나 다를까, 우주선과 우주왕복선을 설계하던 1950년대의 항공우주 공학자들도 이 문제로 골머리를 앓고 있었다. 우주로 나가는 건 어찌어찌 한다고 쳐도, 도저히 이 온도를 견디며 지구로 돌아올 수 있는 비행체를 만들 수가 없었던 것이다. 우주로 내보내기만 하고 돌아올 수 없다면 우주로 사람을 보내는 것 역시 성립할 수 없다.

그런데 어떻게 뜨거운 열기로부터 우주선을 구할 수 있었을까? 가장 직관적인 해결책은 발생하는 열 자체를 줄이는 것이다. 하지만 지구의 대기를 뚫으며 발생하는 엄청난 열을 줄이는 것은 불가능했다. 과학자들이 즐겨 쓰는 에너지 관점에서 보자면, 지구로 귀환하는 것은 곧 우주선의 운동에너지를 열로 변환하는 필수적인 과정이기 때문에, 발생하는 총열량은 정해져 있는 것이나 다름없었다. 열을 없앨 수는 없으니, 자연스럽게 초점은 열을 어떻게 견뎌낼 것인가로 이동했다.

나사 에임스연구소의 항공우주 엔지니어 하비 앨런Harvey Allen이 한 가지 아이디어를 떠올렸다. 그는 충격파에서 발생한 열이 우주선과 그 주변의 공기로 퍼져나간다는 사실에 초점을 맞췄다. 앨런은 “어차피 피할 수 없는 열이라면, 대부분의 열을 우주선 대신 주변 공기가 가져가게 하면 안 될까?”라고 생각했다. 즉 주변 공기가 그 열을 많이 가져가면 우주선이 부담해야 하는 열은 상대적으로 줄어든다는 논리였다.

열 문제에 가장 취약한 부분은 7000℃의 충격파를 가장 가까이서 마주하는 곳, 바로 우주선의 코였다. 속도가 워낙 빠르다 보니 과학자들은 처음에는 우주왕복선의 코를 뾰족하게 설계했다. 하지만 예리한 코끝은 충격파 속에 깊게 닿았고, 태양보다 뜨거운 용광로에 담궈진 코는 7000℃의 열을 버틸 리가 만무했다. 게다가 코가 뾰족할수록 충격파가 우주선 가까이에서 형성되었으므로 우주선 동체도 열기에 더 가깝게 놓이는 모양새가 되었다.

하지만 이 문제를 해결할 열쇠 역시 코에 있었다. 코의 모양을 바꾸어 충격파의 모양도 바꾼다는 발상이었다. 앨런이 주

전지적 공대생 시점 TMI

하비 앨런이 위에서 제안한 해결책을 둥근체이론blunt body theory이라 한다. 그가 1951년에 이 이론을 처음 제안했을 때는 너무나 파격적인 발상이어서 실제로 적용되기까지 수많은 검증을 거쳐야 했다고 한다. 가장 어려운 열 문제를 해결해준 혁신적인 방법이었던 만큼 한동안 국가기밀에 부쳐졌다가 1958년이 되어서야 대중에게 공개되었다.

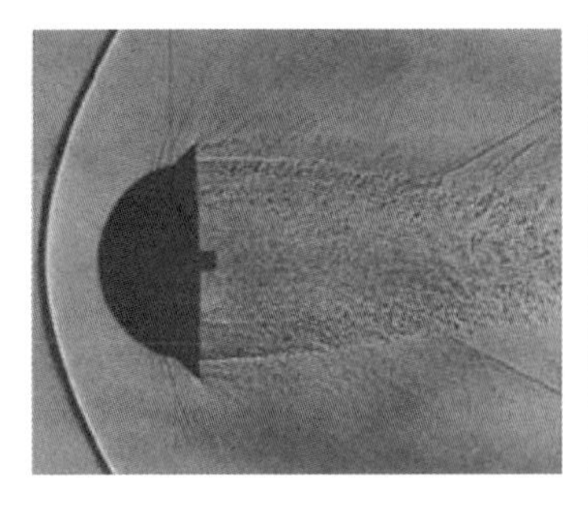
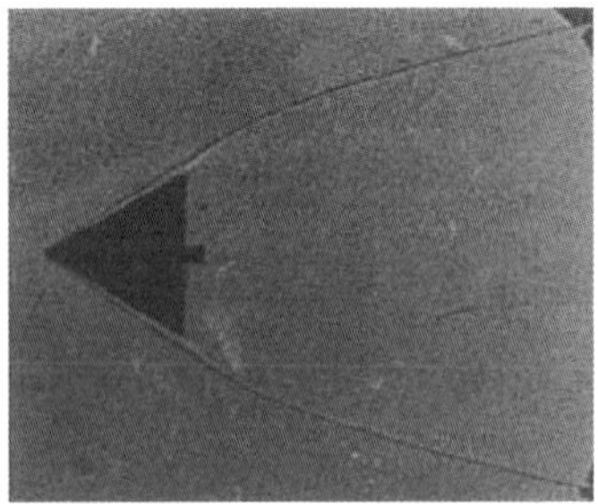

충격파와 물체 모양의 관계. 둥근 형체(좌)와 뾰족한 형체(우).

목한 점이 바로 이 부분이었다. 앨런은 코가 둥글수록 충격파가 코에서 멀어진다는 것을 알아냈다. 뿐만 아니라 코가 둥글수록 충격파는 활처럼 넓게 퍼지는 모양이 되면서 우주선 전체가 충격파로부터 멀어질 수 있었고, 이와 더불어 충격파의 열기를 주변의 공기가 더 많이 가져가는 상황이 되었다. 둥근 코 덕분에 우주선은 충격파로부터 멀어졌고 대부분의 열에너지를 공기에 떠넘길 수 있게 된 것이다. 이 기발한 아이디어는 우주왕복선이 7000℃의 열을 피하면서 안전하게 지구로 돌아올 수 있게 해준 핵심 기술로 평가받고 있다.

우주의 속도에서 하늘의 속도로
우주선이 둥근 이유

우주왕복선은 전체적으로 둥근 형상 덕분에 표면온도를

7000℃보다는 훨씬 낮게 유지할 수 있었지만 그럼에도 여전히 매우 뜨겁긴 했다(가장 뜨거운 곳은 1477℃에 달했다). 다행히도 이 정도의 열은 우주왕복선 표면을 방열 타일로 뒤덮어 내부를 보호하는 것으로 해결할 수 있었다. 1000℃ 언저리면 녹아버리는 알루미늄 합금으로 만들어진 우주왕복선이 둥근 코와 방열 타일 덕에 태양보다 뜨거운 열기 속에서도 무사할 수 있게 된 것이다.

비행체의 둥근 코는 우주왕복선뿐만 아니라 우주에서 대기가 있는 행성으로 진입하는 모든 우주선에 적용되고 있다. 화성 탐사선을 착륙시키기 위해 화성 대기권으로 진입했던 재진입 모듈은 둥글다 못해 넓적한 면을 선두로 화성의 대기와 부딪친다. 화성은 대기가 희박하기 때문에 더 확실하게 감속하기 위해 맞닿는 면을 더욱 편평하게 만들었다고 한다. 화성 진입 모듈은 안전하게 재진입 열기를 뚫고 화성에 들어가, 로버를 안착시키는 등 제 임무를 성공적으로 완수했다.

마하 25, 7000℃, 7.8km/s··· 상상하기 힘든 이 숫자들을 보고 있으면 왠지 속이 울렁거릴 때가 있다. 피부로 느끼기 힘든 공기의 점성, 보이지 않는 소리의 벽, 그리고 태양보다 뜨거운 온도. 인간은 이 모든 것을 상상하며 눈앞에 마주한 문제를 하나하나 해결해나갔다. 그 결과 효율적인 여객기, 소리보다 빠

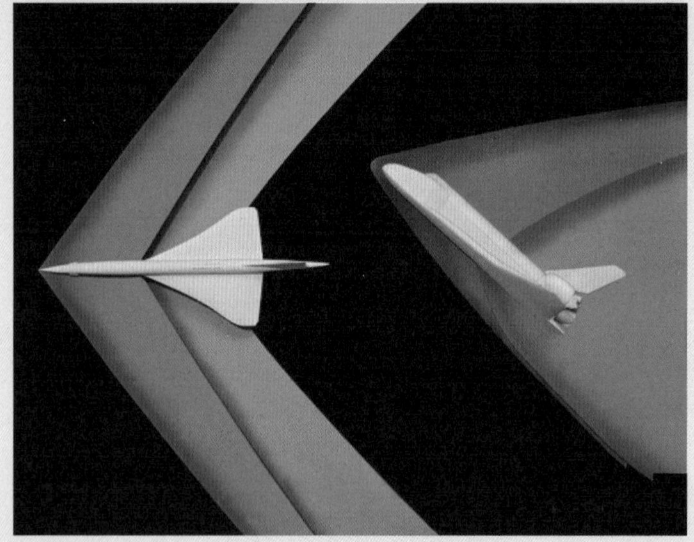

재진입용 우주선은 평평한 면을 진입 면으로 사용한다(위).
뾰족한 코를 가진 초음속 비행기와 둥근 코를 가진 우주왕복선.
왼쪽의 경우 충격파가 코에 닿지만, 오른쪽은 충격파가 떨어져
있음을 볼 수 있다(아래).

른 전투기, 그리고 우주를 드나들 수 있는 우주왕복선까지 만들어냈고, 마침내 하늘로, 음속 너머로, 우주로 나아갔다. 여객기에서 출발해 전투기를 거쳐 우주왕복선으로 연결되는 비행기 코에 관한 이야기는, 어쩌면 인간이 오감 너머의 세상을 향해 지평을 확장해나가는 모습을 보여주는 것이 아닐까?

전지적 공대생 시점 TMI

마하 25 정도의 고속(극초음속)에서는 공기를 이루는 질소와 산소 분자가 뜨거워지다 못해 원자 단위로 분해되고 각 원자 속의 전자까지 튀어나오는 이온화 현상이 발생한다. 이런 상황에서 공기의 특성은 매우 복잡해지므로, 극초음속에 해당하는 충격파의 온도를 추정하는 것은 상당히 까다로운 작업이다. 참고 문헌에 따라 낮게는 약 3500℃부터 높게는 10000℃로 이야기하며, 이 글에서는 그중 합리적이라 판단한 7000℃를 사용했다. 분명한 것은 우주선이 이 열기에 노출되면 위험하다는 것이며, 수치 자체는 추정치임을 밝힌다.

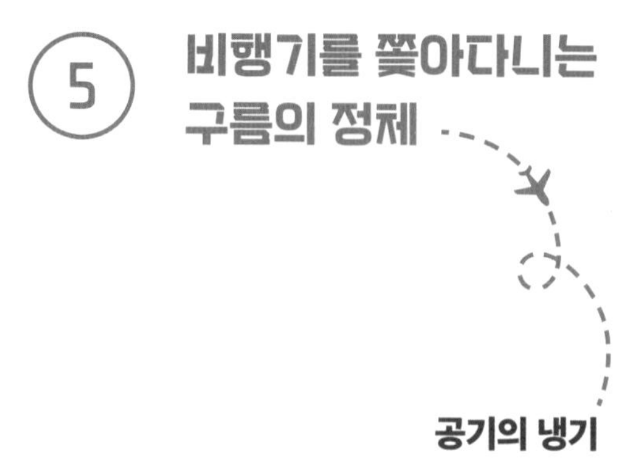

5 비행기를 쫓아다니는 구름의 정체

공기의 냉기

시원한 콜라가 생각나 자판기에서 하나를 뽑는다. 한 손으로는 차가운 캔을 쥐고, 다른 손으로 캔 꼭지를 따니 하얀 아지랑이가 캔 입구 주변에 일렁인다. 지금까지 너무 격렬하고 뜨거운 이야기만 했던 탓일까? 캔 주변에 맺힌 차가운 물방울, 입구에 일렁이는 하얀 아지랑이까지. 공기 이야기를 하며 '차가움'에 대해 이야기하지 않을 수 없다.

비행기 안에서 창문을 통해 날개를 바라보던 기억을 떠올려보자. 이륙하는 비행기의 날개를 즐겨 보는 사람이라면 날개 위에 희끄무레한 구름 같은 것이 생겼다 사라졌다 반복하는 걸 본 적이 있을 것이다. 이 구름은 날개 전체에 고르게 생기기도 하고, 날개 끝에 붙어 기다란 실마냥 회오리치며 생기

비행기 날개 위를 쫓아다니는 구름 같은 무언가.

기도 한다.

하지만 비행기를 쫓아다니는 저 희미한 것들은 원래 대기에 존재하던 구름이 지나가는 것도 아니요, 내리던 비도 아니다. 정확히 말하면 비행기가 순간적으로 직접 만들어낸, 미니 구름이다. 비행기가 습기를 머금고 다니는 것도 아닌데 어떻게 구름을 만들어낸다는 것일까? 비행기와 공기 사이에 어떤 사연이 있기에 비행기를 졸졸 쫓아다니는 구름이 생겨나게 된 것일까?

구름은 언제 생길까?
하늘이 물을 내놓을 때

비행기 날개 위를 덮고 있던 것이 구름이라는 것을 이미 말해버렸다. 그렇다면 구름은 무엇인지, 구름은 언제 생기는 것인지부터 알아보자. 과학 시간에 '구름은 물이 응축한 것'이라고 배웠을 것이다. 이 표현에 따르면 구름이란 공기 중에 떠 있는 물방울들의 모임이다. 따라서 "구름이 언제 생기지?"라는 질문은 "공중에 언제 물방울이 생기지?"와 같은 질문이라 할 수 있겠다.

우리가 숨 쉬는 공기 중에는 보이지 않는 물들이 존재한다. 컵에 물을 담아두고 며칠 놔두면 누가 마시지 않았는데도 물이 줄어들어 있다. 어디로 갔나 보니, 물이 증발해서 공기 중으로 날아가버린 것이다. 공기 중으로 날아가버린 물을 우리는 수증기라고 부르고, 이 수증기들이 공기가 머금은 보이지 않는 물이 된다.

하지만 공기도 수증기를 무한정 머금을 수는 없다. 사우나에 들어가면 우리는 종종 숨이 턱 막히는 느낌을 받으며 '습하다'는 말을 한다. 습하다는 말은 곧 공기 중에 떠돌아다니는 물방울들이 우리가 느낄 정도로 많다는 뜻이다. 이렇게 습한 사우나 안 풍경을 떠올려보면 앞이 흐릿하게 보일 정도로 뿌

물방울이 하늘에서 뭉치면 구름이 된다.

연 모습이 생각날 것이다.

공기가 수증기를 더 이상 머금을 수 없는 상태가 되면, 공기는 추가로 입주하려는 수증기를 받아내지 못하게 된다. 공기 속에 섞여 들어가지 못한 물 분자들은 하는 수 없이 서로 뭉치며 물방울을 이루게 된다. 이렇게 만들어진 미세한 물방울들은 공기 중에 떠다니면서 우리 앞에 뿌연 모습으로 등장한다. 그리고 이런 현상이 하늘에서 일어나면 구름이 되고, 땅 근처에서 일어나면 안개, 사우나 안에서 일어나면 그냥 '아 습해!'가 된다.

그런데 조금 이상하다. 뜨거운 사우나 안에 수증기가 많은 것은 이해가 가지만, 맑은 날 하늘에 떠 있는 구름은 왜 생기는 걸까? 하늘은 사우나와는 정반대로 오히려 춥고 건조할 텐데 물방울들은 왜 공기의 품에 들어가지 못하고 서로 뭉쳐야만 했던 것일까?

공기가 머금을 수 있는 수증기의 양은 일정하지 않다. 이 양은 온도에 따라 달라지는데, 따뜻할수록 공기는 더 많은 물을 머금을 수 있다. 반대로 차가워지면 머금을 수 있는 물의 양이 줄어들게 된다. 하늘에 떠다니는 구름은 사우나처럼 수증기가 더 많아서 생긴 것이 아닌, 높이 올라갈수록 추워지는 하늘이 수증기 일부를 더 이상 머금지 못하고 내놓아 생기게 된 것이다.

자, 이 정도면 구름이 왜 생기는지 알았을 것이다. 하늘이 머금을 수 있는 수증기의 양은 한정되어 있고, 마침 온도가 낮

전지적 공대생 시점 TMI

공기가 머금을 수 있는 물의 최대량을 '포화 수증기량'이라고 한다. 이때 포화 수증기량 대비 현재 포함하고 있는 수증기량의 비율을 '상대습도'라고 한다. 상대습도가 100%이면 공기가 더 이상 추가적으로 수증기를 머금을 수 없다는 것을 의미한다. 구름의 생성 이유를 과학적으로 표현하자면, "기온이 낮아져 포화 수증기량이 감소해 상대습도가 100%가 되어서"라고 정리할 수 있다. 기왕 알아가는 김에 하나 더 추가하자면, 상대습도가 100%가 되는 온도를 이슬이 생기는 온도, 즉 이슬점이라고 한다!

아져 수증기를 모두 담을 수 없을 때 구름이 생긴다. 간단히 정리한 다음의 문장을 기억하면서, 이제 비행기 이야기로 돌아가보자. "구름은 온도가 떨어질 때 생긴다." 좀 있어 보이게 표현하면, "온도가 낮아지면 수증기가 응축한다."

압력의 변화가 온도의 변화로
수증기 응축 현상

비행기로 돌아와 생각해보니 여전히 이상한 점이 보인다. 방금 구름은 온도가 낮아질 때 생긴다고 했는데, 그렇다면 비행기 주변의 구름 역시 온도가 낮아져서 생긴다는 뜻이 된다. 이상한 점은 바로 여기에 있다. 공기는 온도를 변화시키기 꽤 어려운 기체다. 오죽하면 겨울철에 공기와 오리털이 빵빵하게 들어간 패딩을 입고 방한을 위해 창문에 뽁뽁이를 붙이겠는가? 이 단열 효과가 확실한 공기를 차갑지도 않은 비행기가, 그것도 순식간에 지나가면서 식히고 덥히는 게 어떻게 가능하단 말인가?

우리는 비행체가 공기의 온도를 순식간에 변화시키는 모습을 우주왕복선 이야기에서 이미 보고 왔다. 빠른 온도 변화의 핵심은 압력을 변화시키는 것이다. 압력을 높여 온도를 뜨겁게 할 수 있다면, 반대로 압력을 낮추면 공기를 차갑게 하는 것도 가능하지 않을까? 그렇다면 무엇이 온도를 낮춘 것인지, 혹은 공기의 압력을 낮춘 것인지 알아보기 위해 오른쪽 사진을 살펴보자.

일단 날개 위에 생긴 구름이 제일 눈에 띈다. 좀 더 자세히 보면 이륙하는 비행기의 경우엔 엔진 흡입구도 약간 뿌옇고, 날개 끝에서도 아지랑이처럼 길게 뻗은 구름이 보인다. 이 부분들의 공통점이 하나 있다. 바로 모두 압력이 낮은 곳이라는 사실.

비행기는 공기를 압축할 뿐만 아니라 팽창시키기도 한다. 특히 비행기를 들어올리는 날개의 경우 날개 위쪽과 아래쪽의 압력 차이로 인해 비행기를 띄우는 힘인 양력이 만들어진다. 이 과정에서 날개 위쪽 공기의 압력이 순간적으로 낮아지게 된다. 이 외에도 엔진 흡입구 역시 공기를 강하게 빨아들이는 곳으로 압력이 주변보다 상당히 낮은 편에 속하며, 날개 끝

전지적 공대생 시점 TMI

압력 변화로 온도가 바뀌는 것은 공기를 '덥히거나 식히는 것'과는 다른 이야기다. 공기는 열을 잘 받아들이지도, 내놓지도 않기 때문에 덥히거나 식히기가 굉장히 힘들다. 하지만 압력 변화로 온도가 변하는 것은 외부로부터 열을 교환하는 것과는 관계없이, 공기 자체의 상태가 변하면서 나타나는 현상이므로 온도가 빠르게 변하는 것이 가능하다. 압력과 온도의 상관관계를 정리한 식이 이과생이라면 달달 외우고 다니는 그 유명한 '상태 방정식', $PV \propto T$ (압력 × 부피는 온도에 비례한다)이다.

날개 위, 날개 끝, 엔진 흡입구. 구름이 잘 생기는 위치들이다. 이것이 주는 힌트는 뭘까?

부분 역시 마찬가지다.

이륙 시 날개 위의 압력은 대기압 대비 10% 가까이 감소한다. 1기압이 0.9기압이 되는 정도의 변화인데, 언뜻 보면 작은 변화 같지만 이 영향으로 공기의 온도는 20℃가 넘게 낮아진다. 30℃ 정도의 높은 기온에도 비행기가 이륙할 때 날개가 공기를 휩쓸면 순간적으로 10℃ 정도의 서늘한 공기가 되는 것이다. 이 정도의 변화라면 없던 구름도 만들어내는 게 가능하다!

일상생활에선 압력 변화가 온도 변화로 이어지는 경우를 보기가 쉽지 않다. 그만큼 비행기가 구름을 만드는 이야기가 쉽게 와닿지 않을 수 있다. 하지만 다행스럽게도 한 가지 접하기 쉬운 일상 속 예시가 있다. 바로 탄산음료 캔이다. 앞에서 콜라 캔을 따니 캔 입구에서 아지랑이 같은 뿌연 것이 보였다고 했는데, 이제 그 정체가 뭔지 감이 잡히지 않는가!

막 뚜껑을 딴 캔에서 올라오는 아지랑이에 여기서 하고자 하는 이야기의 모든 것이 들어 있다. 음료 캔은 손으로 눌러도 잘 안 눌릴 정도로 압력이 높은 상태다. 이때 캔을 따면 캔 내부의 압력이 급격하게 떨어지면서 온도 역시 빠르게 낮아진다. 그리고 우리가 그토록 찾던 조그마한 '구름'이 아지랑이 모양으로 등장한다. 물론 따뜻한 주변 공기로 금세 스며들어 사라지지만. 이렇게 급격한 압력 변화로 공기 중의 수증기가 순간적으로 응축하는 현상을 '수증기 응축 현상'이라고 한다. 이것이 바로 비행기를 따라다니던 구름의 정체다.

수증기 응축 현상은 대기에 수증기가 있어야 나타나는 현상이기 때문에 날이 습할수록 더 잘 일어난다. 아마 맑고 건조한 날 비행기를 탔던 사람이라면, 안타깝게도 이런 현상을 보지 못하고 비행기에서 내렸을 수도 있다. 온도가 떨어져도 이슬점에 도달하지 못하면 구름이 생기지 않을 것이기 때문이다. 한편 건조한 하늘에서도 기어이 구름을 만들어내고 마는 비행기가 있다. 바로 급격한 압력 저하를 만들어낼 정도로 역동적이고 튼튼한 그것, 전투기다.

급기동하는 전투기는 건조한 날에도 구름을 만든다.

에어쇼에서 가장 큰 구경거리는 바로 하얀 구름에 감싸인 전투기의 모습이다. 전투기가 빠른 속도로 비행하다가 급격하게 방향을 전환하면 전투기의 윗면은 빠르게 휘몰아치는 하얀색 구름으로 뒤덮인다. 압력 변화가 너무나 큰 나머지 온도가 크게 떨어지면서 맑은 날에도 구름을 만들어내고 마는 것이다. 위의 사진을 잘 보면 전투기의 경우 날개 위를 덮는 얌전한 구름뿐만 아니라 조종석 주변과 날개 끝부분에서 리듬체조 리본마냥 강력하게 소용돌이치는 구름도 보일 것이다.

비행기는 기본적으로 공기의 압력에서 힘을 얻어 날아오르고 방향을 바꾼다. 공기의 압력이 무거운 비행기를 들어올릴 수 있다는 사실을 저 역동적인 구름을 보면서 다시 한번 생각하게 된다. 새삼 비행기가 '공기' 중에 뜬다는 사실이 신기하지 않은가?

전지적 공대생 시점 TMI

누군가 허공에 판자를 휘두르며 물어볼 수 있다. 아무리 공기를 가르며 압력을 바꾼다 해도, 그게 구름을 만들 정도로 온도를 떨어뜨릴 수 있을까? 음. 합리적인 의심이다. 하지만 기억해야 한다. 이륙하는 비행기의 날개가 하늘을 가르는 것은 테니스장만 한 크기의 판자가 시속 300km로 휘둘러지는 것과 같다는 것을.

⑥ 코는 둥글게, 꼬리는 뾰족하게

유선형

기차, 물방울, 고래, 비행기. 공간을 매끄럽게 누비는 것들의 모양을 이야기할 때 종종 '유선형'이라는 단어가 따라온다. 유선형이란 기다랗고 모난 데 없는, 둥글둥글한 이미지를 떠오르게 한다. 문득 '느낌적 느낌'으로만 어렴풋이 알고 있는 이 단어의 정확한 뜻이 무엇인지 궁금해진다. 사전에서 찾아보니 "유체의 저항을 최소화하기 위해 앞부분은 둥글게 하고 뒤로 갈수록 뾰족하게 한 형태"라고 나온다.

그럼 그렇지, 세상에 이유가 없는 건 없다. 하늘이든 물속이든 매끄럽게 이동하는 존재들의 모양이 유선형인 데에도 '저항 최소화'라는 목적이 자리하고 있다. "앞부분은 둥글게"라는 설명은 기존에 갖고 있던 유선형에 대한 이미지에 부합한다.

다만, 한 가지 예상치 못한 단어가 보인다. 바로 '뾰족'이다.

물방울이나 고래의 꼬리는 흐름이 흘러나가는 쪽으로 갈수록 면적이 좁아지는 형태를 보인다. 우리는 물방울을 그릴 때 한쪽을 더 얄팍하게 그리고, 고래의 꼬리는 몸통에 비해 얇게 묘사한다. 하지만 이 특징을 '뒤로 갈수록 얇아지는(좁아지는)' 정도로만 생각했는데, '뾰족'이라니! 둥글둥글 모난 데 없는 유선형 이미지에 뾰족하다는 단어는 꽤 생소하달까. 저항을 줄이기 위해 '뾰족해야' 하는 이유는 과연 무엇일지 궁금해진다. 비행기의 코는 비행 속도에 따라 둥근 코에서 뾰족한 코까지 다양한 형태를 선보인다. 그렇다면 꼬리는 어떨까? 뾰족한 모양의 꼬리가 정말 더 좋은 모양일까?

물체가 지나간 뒤 빈 공간에서 일어나는 이야기

공기를 가르는 것은 물체 앞에 놓인 공기를 밀어내는 과정이다. 이때 공기의 흐름은 단순히 밀려나는 것으로 끝나지 않는다. 공기를 가른 물체가 원래 있던 자리에도 사연이 존재한다. 물체가 지나가고 나면 물체가 있던 공간은 빈 공간이 된다. 밀려난 공기는 비어 있는 공간을 채우기 시작하는데 꼬리에 관한 이야기는 이 과정을 살펴보는 것이 되겠다.

물체가 지나간 뒤의 공간에서 일어나는 상황으로는 두 가지 경우를 상상해볼 수 있다. 우선 밀려난 공기가 자연스럽게 빈 공간을 메워 자리를 잡는 경우다. 이 경우에는 물체의 뒤쪽에 공기가 풍부한 상태가 되고, 공기 입장에서도 이미 지나간 물체를 미련 없이 쿨하게 보내줄 수 있는, 비교적 평온한 경우라 할 수 있다.

문제는 모종의 이유로 공기가 제자리(빈 공간)를 잘 찾아가지 못하는 경우다. 공기가 빈 공간을 채우지 못하게 되면 물체가 지나간 뒤쪽 부분이 상대적으로 텅 비어 있는, 혹은 밀도가 낮은 공간이 된다. 이러면 물체 뒤쪽 공간은 마치 진공청소기처럼 압력이 낮고 주변의 모든 것을 빨아들이기 시작한다. 이는 앞서 지나간 물체 입장에서도 달갑지 않은 상황이다. 자신을 뒤로 잡아당기는 진공청소기가 꼬리에 달라붙어 있는 꼴이기 때문이다. 결과적으로 물체 뒤쪽에는 주변 공기가 강하게 빨려들어 공간을 채우는 흐름이 만들어지고 물체는 저항을 많이 받는 상황이 된다. 따라서 물체가 부드럽게 공기를 가르기 위해서는 밀려난 공기가 수월하게 제자리를 찾아가도록 해주어야 한다. 필요에 의해 옮겨놓았으니, 다시 제자리에 잘 돌려놓아야 하는 법이다.

공기를 밀어내는 것이야 어떻게 한다 쳐도, 물체 입장에서 공기를 다시 제자리로 되돌려놓으라고 하면 골치가 아픈 것이 사실이다. 지나간 공기를 다시 낚아채서 뒤에 갖다 놓을 수 있는 것도 아니고 말이다. 하지만 다행히도 공기를 비롯한 유체는 한 가지 재밌는 특징을 갖고 있다. 바로 공기는 자기 주변에 있는 물체의 모양을 따라 흐르는 성질이 있다는 점이다. 물체의 모양이 이미 밀려난 공기의 흐름에도 어느 정도 영향을 줄 수 있다는 말이다.

수도꼭지를 틀고 숟가락의 볼록한 면을 가까이 대보자. 볼록한 면에 물이 닿으면 아래로 떨어지던 물이 숟가락을 타고 옆으로 휘는 것을 볼 수 있다. 이렇게 물체의 모양을 따라 흐르는 효과를 '코안다 효과Coanda effect'라 한다(루마니아의 과학자 헨리 코안다가 발견했다). 코안다 효과는 유체의 끈적임을 의미하는 '점성' 때문에 발생한다. 유체는 자신의 점성 때문에 물체에 달라붙어 흐른다. 이때 유체는 물체뿐만 아니라 자기들끼리도 서로 끌어당기기 때문에 물체에 직접 접촉하지 않는 주변 흐름까지도 물체의 모양을 따라 흐르도록 끌어당긴다. 그 결과 코안다 효과가 우리 눈에 보이기 시작한다.

모든 유체는 크든 작든 점성을 갖고 있다. 비록 꿀이나 물보다는 훨씬 작겠지만 공기도 예외는 아니다. 물체가 밀어낸 공기는 물체의 모양을 따라 자연스럽게 빈 공간을 채우기 위해 돌아오는 흐름을 만들어내게 된다. 그 물체가 공이든 비행

숟가락 실험으로 보는 코안다 효과. 물이 일직선으로 흐르는 것이 아니라 숟가락 표면의 모양을 따라 흐르고 있다.

기 날개든 상관없이. 여기까지 정리해보면 이런 생각이 들 것이다. "든든한 코안다 효과 덕분에 공기가 알아서 빈자리를 잘 채울 텐데, 꼬리 모양이야 어떻든 별 상관없지 않을까?" 그런데 문제는 이 코안다 효과가 무적이 아니라는 것이다.

"따라올래? 말래?"
관성과 점성의 균형

앞서 말한 내용에서 유의할 점이 있다. 바로 코안다 효과는 '점성' 덕분에 발생하는 현상이라는 것. 즉 점성이 충분하지 않거나, 제힘을 발휘하지 못하는 상황에서는 안타깝게도 공기

(유체)가 제자리를 찾아가기 어려울 수 있다. 서로 끌어당기는 성질인 '점성'을 공기 분자들이 서로 손을 맞잡고 끌어당기는 모습으로 상상해보자. 이때 만약 물체 표면이 급격하게 휘는 모양이라면 어떨까? 물체에 붙은 공기는 움직이는 물체를 따라 금세 멀어지는 데 반해, 물체에서 떨어져 있는 주변 공기는 이미 움직이던 관성이 있으니 차마 물체에 붙은 공기를 따라가지 못할 수도 있다. 같이 손을 잡고 뛰던 친구가 갑자기 넘어지면 손을 놓치게 되는 것과 비슷하다.

잠깐, 관성이라고? 공기도 무게가 있으니 '관성'을 지닌다. 관성은 어떤 물체가 움직이는 방향과 정도를 유지하려는 성질이다. 만약 이 관성이 점성에 비해 너무 크다면 아무리 점성이 존재하더라도 주변 공기를 물체 쪽으로 충분히 끌어당기지 못할 수 있다. 이럴 때 우리가 우려했던, 공기가 물체 뒤쪽을 충분히 메우지 못하는 진공청소기 사태가 벌어지게 된다. 빈 공간을 메우는 과정에서 점성에 비해 관성의 영향이 너무 크면 공기저항이 증가하는 상황이 발생하는 것이다. 결국 유체가 붙어 흐를 수 있을지 여부는 관성과 점성 사이 균형의 문제인 셈.

그러므로 점성으로 인해 서로를 끌어당기는 공기들이 맞잡은 손을 놓치는 일이 없도록, 세심하게 그들이 빈 공간까지 도달할 수 있게 해주는 모양을 이루는 것이 중요하다. 결론적으

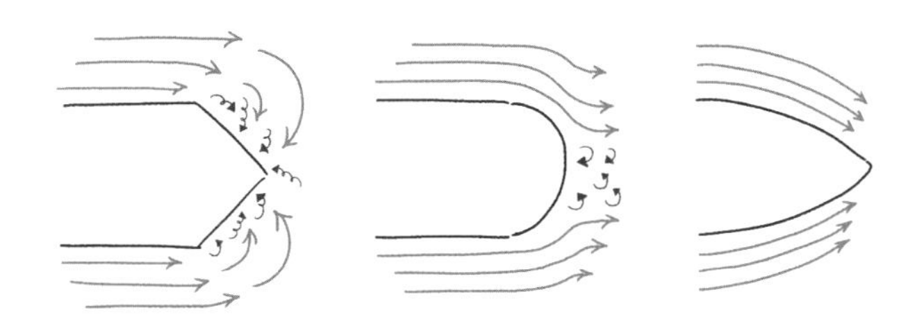

유체가 이동하는 방향이 물체 표면의 경사를 따라서 급하게 바뀌면(첫 번째와 두 번째 그림) 관성을 이기지 못한 유체가 물체 표면에 붙어 흐르지 못한다.

로 관성의 영향을 줄이기 위해서 물체는 점진적으로 좁아지는 꼬리의 모양을 갖추는 것이 이상적이다. 그리고 점진적으로 좁아지는 모양은 뾰족한 끝을 이루며 마무리된다. 꼬리가 뾰족한 물체는 이렇게 유유히 공간을 가른다.

전지적 공대생 시점 TMI

유체역학을 연구하는 과학자들은 유체의 관성과 점성의 관계에 지대한 관심을 가졌다. 점성에 비해 관성이 얼마나 큰지 표현하는 개념으로 레이놀즈수Reynolds number라는 숫자가 있다. 아일랜드의 과학자 오스본 레이놀즈Osborne Reynolds의 이름을 딴 이 숫자는 관성의 힘을 점성의 힘으로 나눈 비율로 표현된다. 레이놀즈수가 클수록 관성력이 큰 흐름(빠르게 흐르는 공기)을 나타내고, 레이놀즈수가 작을수록 점성이 큰 흐름(꿀의 흐름, 천천히 흘러가는 시냇물 등)을 나타낸다. 유체역학의 기둥이라 불릴 정도로 중요한 개념이지만 여기서 다루기에는 난해하므로 기념 삼아 공식만 살펴보자.

$Re = \rho vl/\mu$ = (밀도·속도·길이)/(점성)

PART 2
힘

하늘을 날기 위한 재료 구하기

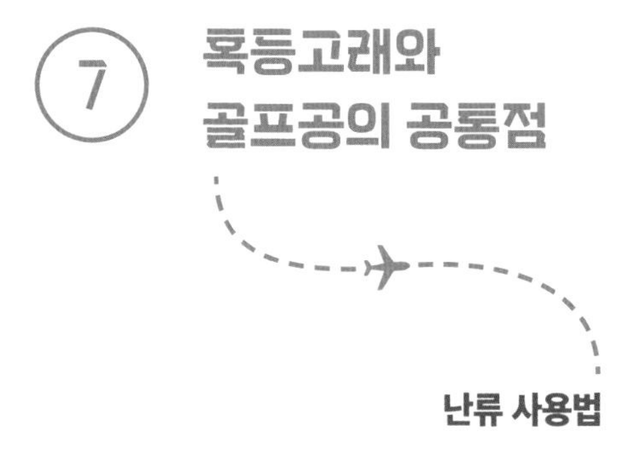

7 혹등고래와 골프공의 공통점

난류 사용법

소설이든 수필이든 지하철을 기다리며 읽는 스크린도어의 시 한 편이든, 새는 자유를 상징하는 동물로 자주 등장한다. 하늘 높은 곳에서 답답함 없이 모든 걸 내려다보면, 퍽 자유롭겠다 싶다. 그 생각을 하던 찰나 옆을 지나가는 비둘기의 바쁜 날갯짓이 보인다. 분주한 날개의 움직임을 보며 자유보다는 바쁨이 떠올라 문득 정말 새가 자유롭긴 한 걸까, 그런 생각이 들기도 한다.

정글 같은 세상에 진정한 자유를 만끽하는 생명체가 있겠는가마는, 어쩐지 고래는 자유롭지 않을까 기대하게 된다. 새는 하늘에 떠 있느라 바쁘다. 공기를 밀어내기 위해 날개는 파닥파닥, 종종걸음 와중에도 고개는 앞뒤로 부산스럽다. 반면

혹등고래와 지느러미.

고래는 어떤가? 큰 움직임 없이 두둥실 떠서 고요하고 광활한 바닷속을 누빈다. 하늘이나 바다나 떠 있는 모양새는 비슷하니, 새처럼 분주하게 지느러미를 파닥거리지 않는 고래가 좀 더 자유를 만끽한다고 봐도 되지 않을까?

고래 중에서도 '자유'라는 단어와 유독 잘 어울리는 고래가 있다. 바로 혹등고래다. 몸 중간쯤에서 뻗어 나오는 기다란 지느러미, 작고 주름진 차분한 눈, 느릿느릿 물을 한 움큼씩 밀어내는 넓적한 꼬리까지. 바닷속을 움직이는 모습이 마치 우주를 유영하는 것처럼 퍽 아름다워 보인다.

혹등고래의 몸은 유선형이다. 두툼한 몸통에서 얇고 긴 꼬리로 이어지는 선이 자연스럽다. 하지만 혹등고래에게는 유선형 몸체의 곡선에서 느껴지는 부드러움과는 반대되는 특징이 하나 있는데, 바로 이름에서 드러나듯이 몸에 여러 개의 '혹'을 달고 있다는 것이다. 특히 혹등고래의 입 주변과 지느러미에는 마치 무수히 많은 따개비가 혹 모양으로 달려 있는 것처럼 보인다. 계절에 따라 적도의 바다부터 북극해까지 긴 여정을 이동해야 할 텐데, 혹은 떼고 오는 게 편하지 않을까?

"우리는 여기까지인가 봐"
유동박리

물속을 편안하게 가르며 이동하기 위해서는 물체 앞의 물을 잘 밀어내고, 물체가 지나간 뒤에 물을 잘 되돌려놓는 것이 중요하다. 유선형은 물체가 지나간 뒤 비어 있는 공간에, 원래 그 공간을 차지하고 있던 주인들이 다시 자리 잡게 하는 데 좋은 형태다. 작은 피라미부터 거대한 고래까지, 바닷속에서 유선형 몸체를 쉽게 찾아볼 수 있는 건 바로 이 때문이다. 그러나 때로는 유선형을 포기해야 할 때도 있다. 대표적으로 골프공을 생각해볼 수 있다. 골프공은 멀리 날아갈수록 더 좋은 공이지만, 애석하게도 공이라는 정체성 때문에 동그란 모양에서 자유로울 수 없다. 동그란 공 모양은 유선형에 비해 물체 뒤쪽의 경사가 급하니, 앞 장에서 살펴본 이유로 공기저항이 증가할 수밖에 없다.

공기저항 때문에 슬픈 건 골프공뿐만이 아니다. 주변을 살펴보면 얇은 판으로 유체를 밀어내 힘을 얻는 경우를 종종 볼 수 있다. 배의 돛, 새의 날개, 혹등고래의 지느러미, 풍차의 날개처럼 말이다. 이들 모두 판(또는 지느러미)을 이용해 유체의 흐름을 사선으로 맞받아치면서 원하는 힘을 만들어낸다. 이때 판 뒤쪽, 즉 유체가 흘러나가는 쪽의 면은 유체 입장에서는 급한 경사를 띠게 된다. 결국 판 뒤쪽에서 이루어지는 흐름은 받아치는 각도가 조금만 커져도 유체 분자들이 서로를 맞잡은 손을 쉽게 놓칠 수 있는 형국이 되는 것이다.

골치 아픈 문제다. 물체 표면에 붙은 유체의 흐름은 점성 때문에 속도가 느려지는 데다가 물체 표면의 모양을 따라가다 보면 서로 붙어 있기가 어려워진다. 유체 분자의 흐름이 서로

전지적 공대생 시점 TMI

유체의 흐름이 표면에 붙어 함께 이동하지 못하고 떨어져나가는 것을 유체역학에서는 전문용어로 유동박리flow separation라 부른다. 유동박리가 발생하면 유체의 흐름이 물체 표면에서 떨어져나가며 물체 뒤쪽이 비게 되고, 저기압이 만들어진다. 비행기 날개에서 유동박리가 발생하면 공기저항이 증가하고 양력이 급감하는 위험한 상황이 발생하기도 한다. 이러나저러나, 유동박리는 최소화하는 것이 좋다.

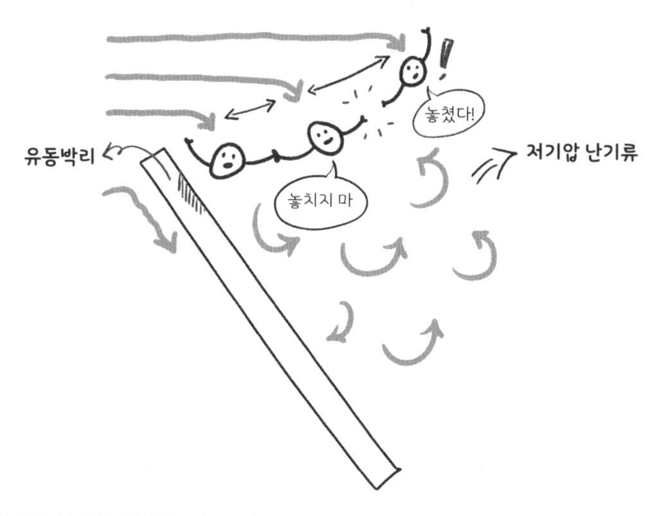

사선으로 공기를 맞받아치는 판의 모습.
판 뒤쪽의 방향 전환이 급격하다면 흐름이 분리되기 시작한다.

의 손을 놓치고 표면을 따라 함께 이동하지 못하게 되면 물체의 뒤쪽에 진공청소기의 내부처럼 넓은 저기압 구역이 만들어진다. 결국 유선형이 아닌 물체는 하염없이 거대한 저항을 마주할 수밖에 없다는 슬픈 이야기.

하지만 이렇게 손만 놓고 있을 것인가! 골프공이 공이라는 숙명에 안주하고 '공기 달래기'를 포기하기엔 왠지 아쉽다. 공기를 찬찬히 달래지 않고도 공기의 흐름과 물체의 표면이 서로 분리되는 걸 막을 수는 없을까?

흐름이 분리되기 직전의 공기는 아쉬운 마음에 외친다. "골프공 좀 그만 따라가! 못 잡고 있겠잖아!" 이때 골프공 표면에 붙은 공기가 "표면에 계속 붙어 있어야 해서 어쩔 수가 없어!" 라고 대꾸하자 분리된 공기가 제안한다. "그럼 나랑 자리 바꿔. 왜 혼자 고생해?"

멀어져도 다시 가까이
난류

유체는 점성 덕분에 물체를 따라 흐르면서 뒤쪽 공간을 채울 수 있었다. 하지만 동시에 점성 때문에 표면에 붙은 흐름은 계속 느려지고 힘을 잃은 유체는 물체 뒤쪽 공간 끝까지 밀고 들어갈 여력이 없어 떨어져나가게 된다. 이때 표면에서 조금 떨어진 곳에서 여전히 팔팔하게 이동하는 유체 흐름의 힘을 빌릴 수 있다면 어떨까? 표면에 붙는 역할을 서로 바꿔가면서 담당하면 전반적인 흐름의 속도는 덜 줄어들 테니 흐름을 물체의 뒤쪽 끝까지 더 밀어붙일 수 있지 않을까?

소용돌이 혹은 난류turbulent flow는 가지런하지 못하고 어지러운 유체의 흐름을 의미한다. 난류는 이리저리 섞이는 소용돌이 같은 흐름인 만큼 주변 공기를 뒤섞이게 하는 효과가 있다. 이런 흐름이 물체 주변을 감싸게 되면 표면에 가깝게 있던 공기는 한순간에 먼 곳으로 갔다가 다시 표면 근처로 오기를 반복한다. 물체의 바깥쪽으로 향하며 흐름이 서로 멀어지는 순

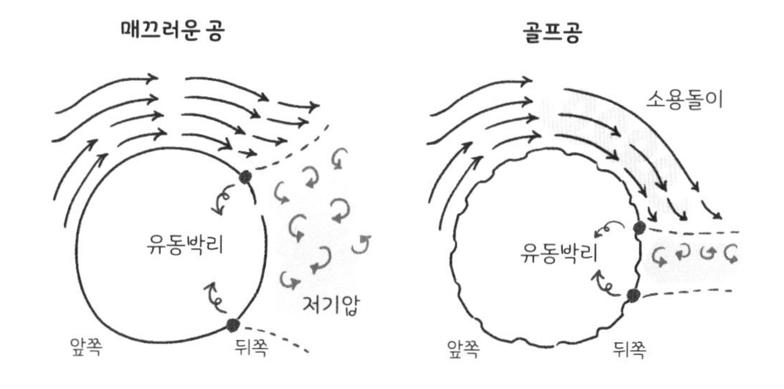

소용돌이는 물체 뒤쪽까지 공기가 흘러들어가도록 도와준다.

간이 오더라도 흐름은 서로 어지럽게 순서를 바꿔가며 표면에 붙는다. 이렇게 되면 유체의 흐름은 상대적으로 속도를 더 잘 유지하게 되고 표면을 따라 더 먼 곳까지 밀고 들어가게 된다. 결국 물체 뒤쪽 공간이 전보다 더 잘 채워지면서 저항을 줄이는 데 도움을 준다. 난류가 저항을 줄이는 효과를 가져오는 셈이다.

혹등고래의 혹은 바로 이 '난류'를 일으키는 장치다. 혹등고래의 지느러미를 통과한 물길은 소용돌이치며 지느러미 주변을 감싸 흐르게 된다. 길고 얇은 지느러미로 급하게 물살을 가르더라도, 지느러미 앞쪽의 혹이 만들어내는 빠르고 소용돌이치는 물살은 충실하게 지느러미를 따라 흐른다. 덕분에 혹등고래는 큰 덩치를 갖고 있음에도 얇은 지느러미로 상당히 잽싸게 자세를 바꿀 수 있게 되었다.

골프공의 경우도 마찬가지다. 골프공은 표면에 오돌토돌한 구멍인 딤플dimple을 갖고 있다. 이 딤플의 역할도 난류를 인위적으로 만들어내는 것이다. 공으로 태어난 이상 유선형의 꼴을 할 수는 없지만, 난류를 이용해 자신의 뒤쪽에 공기를 효과적으로 채워 넣음으로써 공기저항을 최소화하는 것이다. 스마트하지 않은가!

추락 위험을 줄이는 소용돌이 발생기

혹등고래가 지느러미로 물살을 밀어내는 모습은 비행기 날개가 공기를 밀어내며 비행기를 띄우는 것과 비슷하다. 비행기 역시 날개 위아래로 공기가 잘 붙어서 흘러줘야 안정적으로 양력을 만들어낼 수 있다. 공기의 흐름과 비행기 날개가 이루는 각도를 비행 용어로 받음각angle of attack이라고 한다. 모종의 이유(급격한 기동, 너무 느린 비행 속도)로 이 받음각이 지나치게 커지게 되면 날개 위쪽의 공기가 붙어 흐르기 어려운 상태가 되면서 유동박리가 일어나기 시작한다. 이렇게 날개 위쪽의 흐름이 분리되면 공기저항이 증가할 뿐만 아니라 양력이 급감하는 현상이 발생하는데, 이 현상을 실속stall이라고 한다. 실

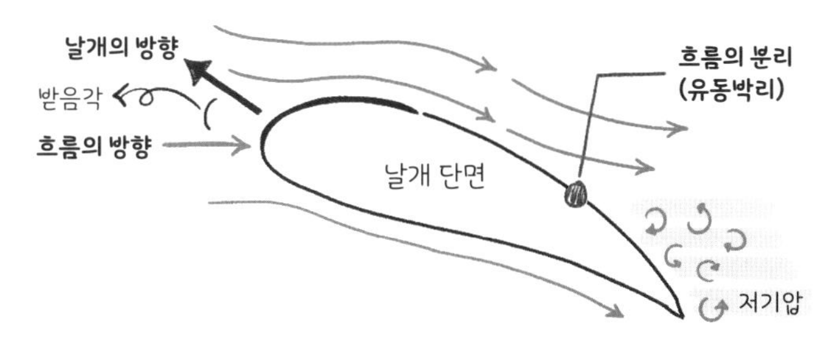

날개 위에서 흐름이 떨어져나갈 때 위험한 상황에 빠질 수 있다.

속은 수많은 항공사고의 원인으로 지목될 정도로 위험한 현상이다. 이 실속이 진짜 무서운 이유는 한번 휘말리면 헤어나오기 어려워서다. 받음각을 줄여야 실속에서 벗어날 수 있는데, 한번 실속에 빠져 고도를 잃기 시작하면 자연스럽게 받음각이 계속 증가하기 때문이다. 비행기 입장에서는 정말 악몽과 같은 현상이다.

이때 실속을 방지하고 더 느린 속도에서도(받음각이 큰 상태에서도) 안정적으로 날 수 있도록 하기 위해 활용하는 것이 소용돌이다. 몇몇 여객기나 전투기는 날개 위에 인위적으로 난류를 만드는 소용돌이 발생기vortex generator를 장착하고 다닌다. 소용돌이 발생기는 날개 위에 튀어나온 작은 혹같이 생긴 장치로 빙글빙글 돌아가는 모양의 난류를 만들어낸다. 이 난류는 받음각이 큰 상황에서도 공기가 날개 뒤편까지 착 붙어 흐를 수 있게 만들어준다. 비행기 창밖으로 날개 위에서 여러 개

인위적으로 난류를 만들어내는 비행기 날개 위 돌기.

의 작은 돌기를 본 적이 있다면 바로 소용돌이 발생기를 본 것이다. 극한의 상황에서도 비행해야 하는 전투기는 한발 더 나아가 동체 자체를 거대한 소용돌이 발생기 역할을 하도록 설계하기도 한다. 격한 기동을 하는 와중에도 양력을 잃는 것을 방지하기 위해 소용돌이를 적극적으로 사용하는 것이다.

비행기가 흔들릴 때면 "난기류 때문에…"라는 안내방송이 나온다. 혹등고래의 먼 여행이나 편안한 비행과는 하등 관계없어 보이는 난류가 아니었던가? 그런데 아이러니하게도 진짜 공기의 흐름을 잘 이용하기 위해서는 난류가 필수적이라는 사실! 비행기뿐 아니라 자연에 적응한 동물도 난류를 적재적소에 적극적으로 활용한다는 것이 참 신기하다.

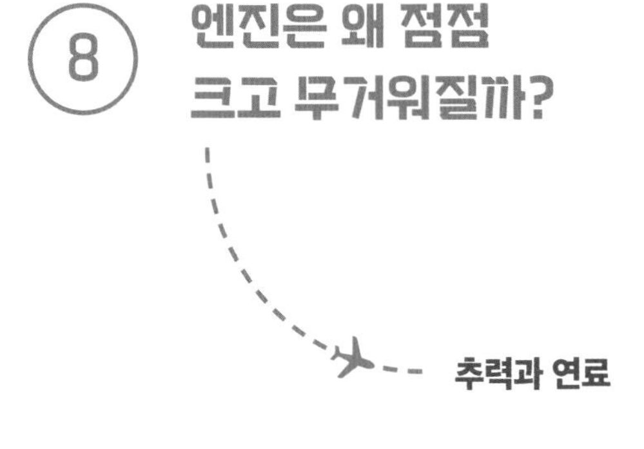

비행기가 하늘을 난 지 120년이 넘는 시간이 흘렀다. 길다면 긴 시간 동안 더 나은 비행을 위해 비행기와 관련된 다양한 분야에서 수많은 변화와 노력이 있어왔다. 그중에서도 예나 지금이나 가장 큰 관심사는 바로 '연비'를 향상시키는 것이다. 기름은 곧 돈이고, 하늘을 나는 건 결코 값싼 일이 아니기 때문이다.

비행의 연비를 결정짓는 가장 중요한 장치로는 비행기의 엔진을 떠올려볼 수 있다. 연료를 직접 사용하는 장치인 만큼 효율 좋은 엔진을 만드는 것은 연비 향상을 위한 가장 중요한 과제 중 하나였다. 그런데 의아하게도 이 연비를 향상하는 데 주력해야 할 엔진은 갈수록 점점 무거워지고 뚱뚱해졌다. 조금이라도 얇고 가벼운 재료를 사용하려고 난리인 비행기인데, 엔진은 왜 이런 흐름을 역행하는 것일까?

비행기는 가벼워져야 하는데
엔진은 왜 무거워질까?

2010년대가 되면서 여객기 세계에도 세대교체가 일어나기 시작했다. 특히 연료를 아끼고 더 친환경적인 비행기를 만드는 데 집중했던 시기인 만큼, 안팎으로 새로 단장한 비행기들이 탄생하기 시작했다. 이 무렵 유럽의 비행기 제작사 에어버스는 A320neo(네오)라는 이름의 여객기를 세상에 선보였다. 에어버스를 지금의 입지로 끌어올린 주역 A320에서 연비 효율을 높여 새롭게 설계한 비행기가 A320네오였다.

네오가 공개되자 사람들은 엔진에 주목했다. 이름에 붙은 'neo'는 New Engine Option(신형 엔진 옵션)의 약자인데, 비행기 이름에 엔진이 들어갈 정도니 대체 어떤 새로운 엔진을 단 건지 궁금해지는 건 당연했다. 실제로 네오의 엔진은 외관상으로도 눈길을 끌었다. 비행기 몸체에 비해 꽤 무거워 보일 정도로 커졌기 때문이다. 이름만큼이나 겉모습에서도 엔진은 그 존재감을 드러냈다.

네오는 기존의 A320과 길이도 비슷하고, 태울 수 있는 승객

기존의 A320(좌)과 A320네오(우). 엔진이 꽤 커졌다.

의 수도 비슷하며, 엔진이 만들어내는 추력도 거의 비슷했다. 차이라고는 오히려 엔진의 무게가 한쪽당 600kg씩 무거워졌다는 것뿐이다. 그런데 이 엔진 때문에 몸무게만 소 두 마리만큼 무거워졌음에도 불구하고 연비는 월등히 개선된 모습을 보여주었다. 기존의 A320보다 14%나 연료를 절감할 수 있었던 것인데, 제작사 에어버스는 14%의 성능 향상 중 대부분은 통통하고 무거워진 엔진 덕분이라고 설명했다. 비행기 무게를 조금이라도 더 줄이려 노력하는 게 일반적인데 거꾸로 흔쾌히 무거워지는 것을 택하다니. 게다가 성능까지 더 좋아졌다면, 어떻게 된 일일까?

주력, 비행기를 앞으로 나아가게 만드는 힘

엔진이 통통해지는 현상은 비단 네오만의 이야기는 아니다. 오히려 비행기의 역사와 함께한 트렌드에 가깝다. 초창기 여객기 사진을 보면 날개 밑에 얇고 긴 형태의 엔진이 달린 모습을 볼 수 있다. 초창기 여객기 시대인 1960년대의 비행기들은 다들 얇고 기다랗고 흡입구도 앙증맞은 엔진을 달고 새까만 매연을 내뿜으며 하늘을 날았다.

이를 체급이 비슷한 요즘 비행기와 비교해보면 엔진이 더 둥글고 더 큼직해졌다는 것을 쉽게 알 수 있다. 게다가 크기만 한 게 아니라 무겁기까지 하다. 연비와 관련이 깊은 엔진이 점점 통통해지고 있다면, 분명 엔진의 통통함과 연비 사이에 어떤 관계가 있을 것 같다는 느낌이 온다. 엔진과 연료에 대한 이야기를 하기 위해 두 가지 개념을 가져와볼까 한다. 바로 '힘force'과 '에너지energy' 되시겠다.

이 세상의 모든 것을 움직이게 하는 것은 '힘'이다. 물을 마시기 위해 컵을 들 때, 우리는 위로 힘을 줘서 컵을 든다. 우리가 체중계에 올라가 한숨을 쉬는 이유도 중력이 우리를 아래로 누르는 힘이 있기 때문이다. 마찬가지로 비행기를 앞으로

미국의 보잉사에서 만든 B737 항공기.
위는 2010년대에 개발된 B737Max,
아래는 1960년대에 개발된 B737-100.
엔진의 모양이 확연히 다르다.

움직이는 힘인 추력은 엔진에서 만들어진다.

비행기 창을 통해 엔진을 보면, 커다란 원통을 꽉 채우는 큼지막한 프로펠러 같은 것이 어마어마한 속도로 돌아가는 것을 볼 수 있다. 엔진 뒤로는 엄청난 속도로 바람이 뿜어져 나오는데 이 모습만 보면 선풍기와 비슷해 보이기도 한다. 실제로 선풍기나 엔진이나 둘 다 공기를 빨아들이고 밀어낸다는 점에서 기본적인 원리는 비슷하다. 다만 비행기 엔진이 훨씬 크고, 비행기를 하늘에 띄울 수 있을 정도로 빠르게 돈다는 것이 차이점이다.

공기를 밀어내면 추력이 발생하는 원리가 비행기 엔진이 추력을 얻는 기본적인 방법이다. 어떤 것을 밀어내면 우리는 그 반대 방향으로 힘을 얻는다. 우리가 배에서 노를 젓는 것과 같은 원리다. 노를 저을 때 우리는 물을 밀어내게 된다. 노가 물에 힘을 가하면서 우리가 쥔 노 역시 물이 받는 힘의 반대 방향으로 똑같은 힘을 받게 된다. 그 결과 물은 뒤로 밀려나고 우리는 앞쪽으로 나아가게 된다.

전지적 공대생 시점 TMI

물체에 힘을 가한 만큼 반대 방향으로 동일한 힘을 경험하는 것을 '작용-반작용의 법칙'이라고 한다. 뉴턴의 법칙 중 제3법칙에 해당한다. 내가 한 대 때린 사람에게 "작용-반작용의 원리로 내 주먹도 아프니 너무 서운해 말라"고 다독여보자. 더 많은 작용-반작용의 법칙을 경험하게 될지도 모른다.

여객기 제트엔진의 전면 모습. 선풍기 날개와 비슷한 역할을 하는 바람개비인 팬블레이드가 보인다. 엔진이나 선풍기나 원리는 같다. 엔진이 조금 (많이) 빠르게 돈다는 것 빼고는.

그렇다면 '강하게' 밀어낸다는 건 어떤 의미일까? 아무리 선풍기와 비행기 엔진이 비슷하다지만, 선풍기를 매단다고 비행기를 움직일 수는 없는 노릇이다. 만약 이 선풍기만으로 비행기를 움직여야 한다면 어떻게 해야 할까?

우선, 선풍기를 엄청 많이 매다는 것을 생각해볼 수 있다. 약한 선풍기도 만 개 정도를 매달아 돌린다면 엔진과 비슷한 힘을 낼 수 있을지도 모른다. 다른 방법은 선풍기의 모터를 슈퍼모터로 바꿔 매우 빠르게 돌아가게 만드는 것이다. 즉 추력을 키우는 첫 번째 방법은 한 번에 많은 공기를 밀어내는 것이고, 두 번째 방법은 공기를 더욱 빠르게 밀어내는 것이다.

여기서 아주 자연스럽게 힘의 기본 공식이 등장한다! '힘은 밀어낸 물체의 무게와 밀어내는 속도에 비례(기호로는 ∝로 표시)한다.' 즉 더 많은 양의 공기를 더 빠르게 밀어낼수록 추력은 강해지는 것이다. 이 말을 공식으로 정리해보면 아래와 같다.

힘 ∝ 무게 × 속도 변화

추력 ∝ 공기 양 × 밀어내는 속도

'힘이 센 엔진'이라 하면 언뜻 좋아 보이지만, 우리는 똑똑한 소비자이므로 한 가지를 더 살펴봐야 한다. 모든 힘에는 그 대가가 따른다. 힘을 내기 위해서 우리는 '에너지'를 소모해야 하는데, 이때 같은 힘이라도 더 현명하게 그 힘을 낼 궁리를 해야 한다.

에너지와 연료의 상관관계
느긋한 노 젓기의 물리학

어떤 변화를 일으키는 데 드는 '노력'을 과학에서는 '에너지'라고 부른다. 우리가 배에서 노를 저을 때 팔이 아픈 이유는 에너지를 소모하기 때문이다. 마찬가지로 엔진이 공기를 밀어내며 힘을 만드는 데 필요한 노력은 곧 '연료'다. 연료를 태우면 에너지가 발생하고, 엔진은 이 에너지를 공기에 전달하면서 힘을 만들어낸다. 즉 에너지를 덜 소비할수록 연료도 덜 쓰는 것이다.

힘은 밀어내는 물체의 무게(양)와 속도에 비례한다. 에너지도 비슷하다! 에너지도 물체의 무게에 비례한다. 공을 던지는 경우, 만약 2배 무거운 공을 같은 속도로 던져야 한다면 에너지를 2배 써야 한다. 그런데 에너지는 속도에 대해서는 힘과는 조금 다른 관계를 갖는다. 힘은 속도에 정확히 비례하는 반면 에너지는 속도의 제곱에 비례한다. 그러니까 같은 공을 2배 빠른 속도로 던지고 싶다면, 4배 많은 에너지가 필요하다는 의미다. 3배 빠르게 던지고 싶다면? 무려 9배나 더 많은 에너지가 필요하다.

이 말은 곧 "속도가 빠른 물체를 가속하는 것이 속도가 느린 물체를 가속하는 것보다 힘들다"는 뜻이다. 다시 말해 100km/h로 움직이는 수레를 110km/h로 가속하는 것이, 멈춰 있는 수레를 10km/h로 가속하는 것보다 더 힘들다. 빠른 속도로 물체를 가속할수록 에너지가 훨씬 더 많이 필요하다는 것이 수식

전지적 공대생 시점 TMI

갑자기 누가 나를 한 대 쳤는가? 그렇다면 똑같이 한 대 치지 말고 절반의 속도로, 대신 두 대 쳐보자. 상대는 똑같은 힘을 받았지만 나는 에너지를 아낀 셈이니까 말이다. 뿌듯.

으로는 '제곱'의 형태로 표현되는 것이다. 공식으로 정리해보면 아래와 같다.

$$에너지 \propto 무게 \times 속도^2$$

$$연료\ 소모량 \propto 공기\ 양 \times 밀어내는\ 속도^2$$

그런데 공식만 보면 뭐가 어떻다는 건지 도통 감이 오질 않는다. 더군다나 엔진이 통통해진 것과는 대체 무슨 상관인 걸까? 갑자기 공식이 등장해 머리가 조금 지끈거릴 수는 있지만, 거의 다 왔다. 지금까지 열심히 이해해본 힘과 연료 소모량의 관계를 일단 써놓고 보자.

$$추력 \propto 공기\ 양 \times 밀어내는\ 속도$$

$$연료\ 소모량 \propto 공기\ 양 \times 밀어내는\ 속도^2$$

일단 추력과 연료 소모량은 모두 '공기의 양'과 '밀어내는 속도'로 설명된다는 점에서 굉장히 비슷해 보인다. 딱 하나, 연료 소모량 식 끝에 제곱(^{2})이 붙었다는 것만 다르다. 저 제곱이 어떤 역할을 하는지 알아보기 위해 추력과 연료 소모량 식으로 장난을 좀 쳐볼까 한다.

우리가 어떤 엔진의 추력을 2배 늘리는 일을 한다고 생각해

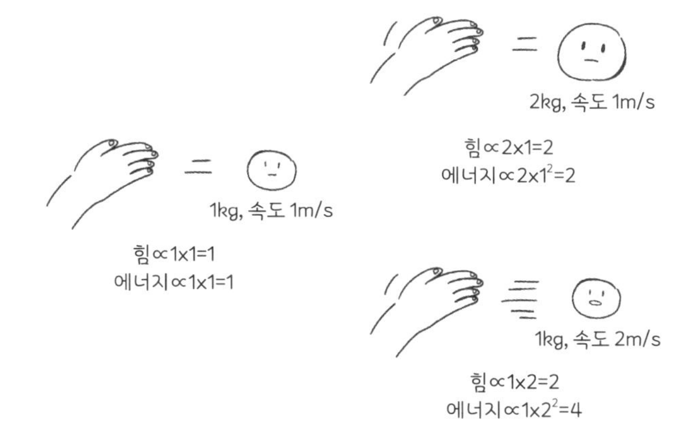

공을 던질 때 발생하는 힘과 에너지의 변화. 동일한 힘을 발생시킬 때 연료를 적게 사용하려면 더 많은 공기를 상대적으로 느리게 밀어내야 한다는 것을 알 수 있다.

보자. 우선, 추력을 설명하는 식에 따라 두 가지 방법을 생각해볼 수 있다. 첫 번째 방법은 밀어내는 공기의 양을 2배로 늘리는 것이다. 밀어내는 속도는 유지하지만 밀어내는 공기의 양을 2배로 늘리면 추력은 2배 증가할 것이다. 두 번째 방법은 공기의 양은 그대로 두는 대신 공기를 밀어내는 속도를 2배로 증가시키는 방법이다. 빨아들인 공기를 더 빠르게 밀어내면서 추력을 증가시키는 원리다.

두 가지 방법으로 새롭게 만든 엔진은 동일한 추력을 갖고 있을 것이다. 이때 두 엔진의 연료 소모량은 어떻게 될까? 첫 번째 엔진의 경우 밀어내는 속도는 똑같지만 공기의 양만 2배가 되었으므로 연료 소모량도 단순히 2배가 된다. 재밌는 건

두 번째 엔진이다. 이 엔진은 공기의 양을 그대로 두고 밀어내는 속도를 2배로 늘렸다. 연료 소모량 식에 따르면 이 경우 연료 소모량은 4배가 된다. 즉 두 엔진 모두 동일한 힘을 내면서도 두 번째 엔진이 연료를 2배나 더 많이 쓰는 셈이다.

같은 힘을 내더라도 더 많은 공기를 상대적으로 느리게 밀어내는 엔진이 연료를 덜 소모한다는 결론에 도달했다. 노를 젓더라도 큼지막한 노로 천천히 젓는 것이 지치지 않고 오래 나아갈 수 있는 방법인 것이다. 자, 이제 끝났다. 한 번에 많은 공기를 천천히 밀어내는 것. 이것이 힘과 에너지의 물리가 만들어낸 연비의 핵심 조건 되시겠다!

'통통함'의 다른 이름 바이패스비

이제 엔진이 점점 통통해진 이유를 설명할 수 있게 됐다. 연료를 아끼기 위해서는 한 번에 많은 공기를 흡입해 천천히 내보내는 것이 이득이다. 때문에 더 많은 공기를 흡입하기 위해 흡입구는 점점 커질 수밖에 없었다. 또 동시에 많은 양의 공기를 한 번에 밀어내기 위해 엔진 내부의 수많은 블레이드(바람개비 역할)들도 더 넓고 긴 형태를 취하면서 결국 엔진은 점점 두껍고 짜리몽땅한 모습이 되었다.

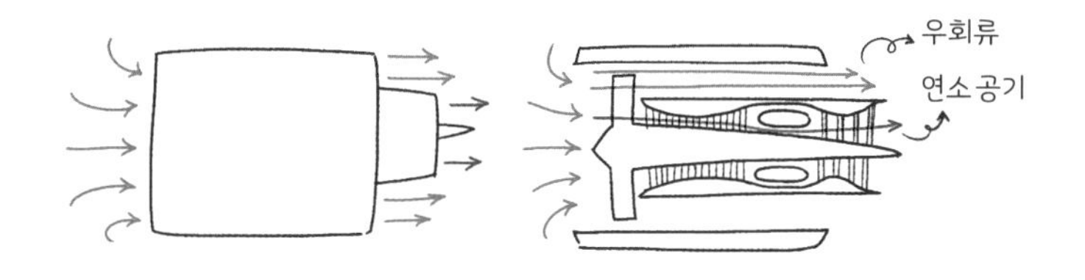

우회하는 공기와 연소되는 공기의 비율을 BPR(공기우회율)이라고 한다.

우리가 지금까지 '엔진의 통통함'이라고 이야기한 것을 표현하는 전문용어가 있다. 바로 바이패스비bypass ratio다. 연비와 엔진의 모양에 대해 이야기할 때 빠질 수 없는 개념이니 소개해볼까 한다.

비행기 엔진은 엄청난 양의 공기를 흡입한다. 이때 흡입된 공기 중 일부만이 연료를 연소하는 데 사용되고 나머지는 엔진 주변부로 흘러나간다. 여기서 흡입한 공기 중 엔진 주변부로 흘러나가는 공기와 연소된 공기의 비율을 바이패스비의 약자를 따서 BPR이라고 한다. 연비가 좋은 엔진일수록 흡입구가 크고 연료 소모량이 적기 때문에, 흡입된 공기 중 연소되지 않고 빠져나가는 공기의 양이 많아져 BPR이 커지게 된다. 이런 관계로 BPR은 엔진의 연비를 상징하는 지표로 사용된다.

우리가 공항에서 흔히 볼 수 있는 제트엔진 여객기의 BPR은 보통 6:1에서 10:1 정도다. 그러니까 엔진이 열심히 흡입한 공기 중 대략 9~14% 정도의 공기만 연소에 사용되고 나머지는 흘러나가는 것이다. 실제로 연료를 태우는 데 사용되는 공기는 얼마 되지 않는다. 하지만 이 BPR 수치도 1960년대의 여객기로 거슬러 올라가면 1.5:1에서 2:1까지 떨어진다. 빨아들인 공기의 절반, 혹은 그 이상을 연료를 태우는 데 사용했던 것인데, 그동안 얼마나 많은 변화가 일어났는지 짐작할 수 있는 부분이다.

BPR이 가장 높은, 효율 좋은 엔진은 어떤 엔진일까? 바로 프로펠러 엔진이다. 프로펠러 항공기의 BPR은 무려 80:1까지도 높아진다. 이는 프로펠러가 아예 공기 중에 노출된 상태로 작동해 한 번에 밀쳐내는 공기가 상당히 많아서인데, 이 때문에 공기도 매우 천천히 밀어낼 수 있게 되었다. 덕분에 프로펠러 엔진은 조용하면서도 연비가 높지만 고속에서 사용할 수 없다는 게 단점이다. 그래서 여객기보다는 화물기나 단거리 여객기에만 사용된다.

반면 BPR 성적이 가장 안 좋은 여객기는 초음속 여객기로 유명한 콩코드의 엔진이다. 콩코드의 엔진은 BPR이 0이다. 즉 흡입된 모든 공기가 연소에 사용된다는 뜻이며, 공기를 배출하는 속도도 굉장히 빠르다. 당시 기술로는 초음속으로 비행하기 위한 불가피한 선택이었지만, 이 때문에 콩코드는 기름 먹는 하마 취급을 받았다.

과거에는 기술적 한계로 커다란 엔진을 만들 수 없었다. 특

연비가 가장 나쁜 콩코드의 엔진(위)과
가장 좋은 프로펠러 엔진(아래).

히 빠르게 회전하면서 대부분의 추력을 부담하는 팬블레이드를 만드는 것이 보통 어려운 일이 아니었다고 한다. 하지만 탄소섬유를 비롯한 신소재의 개발과 발전한 제조 기술을 바탕으로 요즘에는 BPR이 더 높은 새로운 엔진들이 등장하고 있다. 엔진 자체가 커지면서 더 무거워지는 경우도 빈번하지만, 그 무게로 인한 손해를 상회하고도 남을 만큼 연비 개선의 효과는 컸다고 한다. 우리가 공항에서 보는 비행기의 엔진이 점점 더 넓적해지는 데에는 연료를 아끼기 위한 끝없는 노력이 숨어 있는 셈이다. 역시, 비행기에도 이유 없는 변화는 없다.

전지적 공대생 시점 TMI

바이패스비가 높은 엔진의 부가적인 장점은 바로 조용하다는 것이다! 드라마 속 아련한 장면의 배경음으로 비행기의 '고오오-' 하는 소리가 나올 때가 있다. 비행기가 날아갈 때 들리는 이 천둥소리와 비슷한 소음은 바로 엔진에서 뿜어져 나오는 공기에서 발생한다. 공기가 배출되는 속도가 빠를수록 소음이 더 커지기 때문에, 상대적으로 배출 속도가 느린 바이패스비가 높은 엔진은 조용해진다. 연비도 개선되고 소음도 줄이고, 일석이조인 셈.

9 조종사를 괴롭히는 힘

G-포스

전투기 조종사. 파이터 파일럿. 단어에서부터 벌써 '강인함'의 느낌이 팍팍 나는, 멋짐이 폭발하는 직업이 아닐 수 없다. 이 이미지를 갖게 된 데는 조종사에 대한 항간의 소문이 한몫했을 것이다. 다큐부터 예능까지 조종사가 비행 중 처하는 극단적 환경의 모습을 자주 접할 수 있다. 전투기가 빠른 속도로 하늘을 누비는 동안 조종사는 정신을 잃을 정도의 어마어마한 힘을 견디곤 한다. 이런 힘은 '9G의 힘', '중력의 몇 배', 'G-포스G-force'처럼 알파벳 G와 중력이라는 단어와 함께 우리에게 익숙하게 다가온다.

일반인도 비행기를 편안하게 자주 이용하는 걸 보면 하늘을 나는 것 자체가 힘겨운 일은 아닐 것 같다. 그럼에도 전투기 조종사가 유독 힘들어하는 이유는 무엇일까? 그리고 그 힘을 왜 중력에 빗대서 말하는 걸까? 중력 때문이라면 지구 탓이라는 걸까? 조종사들을 괴롭히는 힘, G-포스에 대해 이야기해보자.

문제는 빠른 속도가 아니라 급격한 방향 전환

비행기가 지상에서 천천히 움직일 때나 시속 900km의 속도로 순항하고 있을 때나, 승객이 체감하는 환경의 변화는 거의 없다. 물론 순항 중일 때가 조금 더 시끄럽고 귀도 먹먹하지만 그래도 우리는 밥도 먹고 화장실도 가고 잠도 잘만 잔다. 이처럼 비행기의 속도 자체는 우리의 편안함에 별다른 영향을 미치지 않는다. 이와 비슷하게 전투기도 속도 자체는 조종사를 괴롭히는 힘과 무관하다.

그렇다면 여객기는 못하지만 전투기만 할 수 있는 것으로는 무엇이 있을까? 바로 급격한 기동을 꼽을 수 있다. 여객기는 방향도 속도도 대형 트럭처럼 느릿느릿 바꾸는 반면, 전투기는 한순간에 높은 하늘로 도망가거나 선회하는 등 잽싸게 이리저리 쏘다니니 말이다. 사실 전투기가 이처럼 급격한 기동을 할 때 조종사는 매우 힘들어한다. 전투기의 선회는 어떤

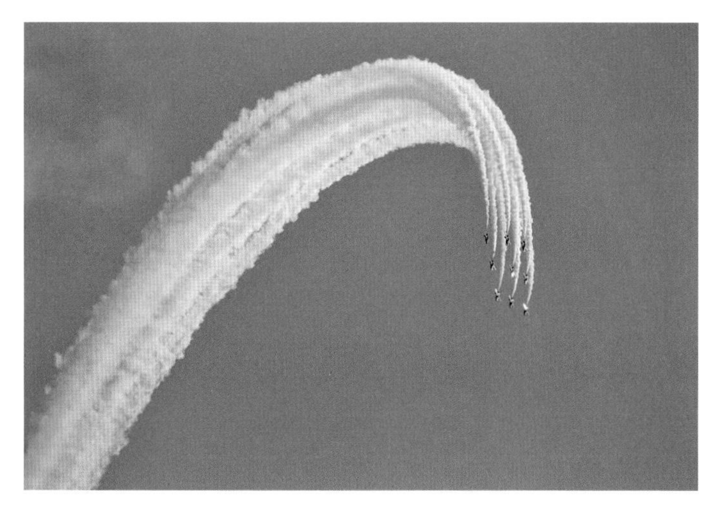

전투기가 둥근 궤적을 그리며 선회하고 있다.

이유로 조종사를 괴롭히는 것일까?

전투기가 멋지게 급선회하는 모습을 가까이서 볼 수 있는 곳은 아무래도 에어쇼 아닐까. 에어쇼를 촬영한 사진을 보면, 전투기가 회전하는 방향으로 기체를 기울이고 선회 방향으로 기수를 들면서 방향을 바꾼다는 것을 알 수 있다. 이때 궤적은 둥근 모양이다. 날개가 전투기를 기울인 쪽으로 기체를 들어 올리고 그 힘 덕분에 전투기는 원을 그리는 것인데, 이 모습은 흡사 한쪽 실 끝에 공을 매달아 실의 반대쪽을 손으로 잡고 빙글빙글 돌리는 것과 비슷하다. 공은 비행기이고, 공이 손을 중심으로 둥글게 회전할 수 있게 꽉 잡아주는 실은 비행기의 날개에 해당한다.

공을 빙글빙글 돌리면 공은 계속 밖으로 나가려고 하는 것처럼 느껴진다. 이 힘이 바로 우리가 '원심력'이라고 부르는 것이다. 바깥으로 탈출하려는 공을 잡아두기 위해 우리는 원심력만큼 손에 힘을 줘야 한다. 반대로 공은 실을 통해 중심을 향해 잡아당겨지고 있는 꼴인데, 이 힘을 '구심력'이라고 한다. 원심력이나 구심력이나 같은 크기의 힘이지만 실이 만들어내는 힘을 손의 입장에서 보면 원심력, 공의 입장에서 보면 구심력이다. 여기서 중요한 건 어떤 물체가 원운동을 하기 위해선 회전중심을 향하는 구심력이 필요하다는 것이다. 마치 중력 때문에 달이 지구 주위를 돌 수 있는 것처럼 말이다.

선회하는 전투기도 마찬가지다. 전투기를 비롯한 모든 비행

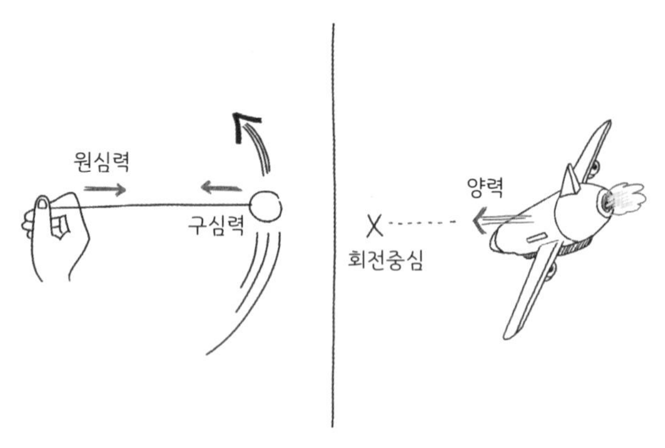

전투기가 선회하는 모습은 공을 실에 매달아 돌리는 것으로 비유할 수 있다.

기는 비행기의 위쪽 방향으로 힘을 만들어내는 '날개'를 갖고 있다. 날개에서 만들어진 양력을 우리의 손으로 만들어내는 구심력에, 날개를 실에 비유해보자. 즉 전투기가 밖으로 밀려나지 않고 원형으로 비행하며 방향을 바꿀 때 필요한 힘은 날개의 강한 양력이다. 그리고 이 힘이 바로 전투기가 선회할 때 조종사와 기체에 가해지는 힘이다.

G-포스, 도대체 얼마나 큰 힘이길래

실에 탁구공을 매달아 빙빙 돌려보면 과연 이 힘이 그렇게 괴로울 정도일까 하는 의문이 들기도 한다. 그렇다면 이렇게 생각해보자. 전투기는 못해도 400km/h 정도의 속도로 비행할 것이다. 실 끝의 공을 400km/h로 돌려본다면 어떻게 될까?

전지적 공대생 시점 TMI

물체의 속도가 변한다는 것은 어떤 힘이 물체에 가해지고 있다는 것을 의미한다. 전투기가 방향을 바꾸는 것 역시 힘이 가해지고 있기에 가능한 일이다. 반면 비행기가 순항하고 있을 때는 속도가 일정하다. 모든 힘이 평형을 이루어 운동상태에 변화가 발생하지 않는 것인데, 이 때문에 비행기가 아무리 빠르더라도 속도가 일정하게 유지되기만 한다면 우리는 딱히 불편함을 느끼지 않는다. 이 원리가 바로 '힘은 가속도에 비례한다'는 뉴턴의 제2법칙, '가속도의 법칙'이다.

동틀 무렵 서쪽으로 빠르게 날아가는 전투기를 상상해보자. 그런데 조종사가 불현듯 일출이 보고 싶어졌는지 갑자기 180도 방향을 바꿔 동쪽으로 가기 위해 선회를 시작했다. 전투기가 180도 방향을 바꾸는 데 대략 8초가 걸렸는데 이때 전투기는 시속 400km 정도로 날고 있었다. 전투기가 방향을 바꾸는 데 8초나 걸리다니! 하는 생각이 들었는가? 그럼 이렇게 생각해보자. 지금 이 전투기는 8초 만에 시속 400km에서 정반대 방향으로 시속 400km로, 도합 시속 800km의 속도 변화를 경험한 것이다! 즉 초당 시속 100km씩 속도가 변한 셈인데, 이 정도 속도 변화는 자동차 급제동의 2배에 달하는 크기다.

게다가 전투기는 직선상으로만 속도를 바꾸지 않고 원운동을 하며 방향을 바꾸기 때문에 실제로는 속도 변화의 폭이 더 크다. 이를 공식을 사용해 계산해보면 자동차 급제동의 3배에 달하는 가속도가 필요하다는 결과가 나온다. 시속 400km는 전투기 최고 속도도 아닌데 벌써 이 정도의 힘이 예상되면, 뭔가 더 엄청난 힘이 존재할 것 같다는 느낌이 오지 않는가!

잠깐, 그런데 '자동차 급제동의 3배 정도'의 힘이라고 하니 "오, 큰 힘이네" 정도 생각이 들 뿐 정확히 어느 정도의 크기인지 체감되지 않는다. 우선 이 힘을 자주 접하게 되는 조종사를 기준으로 생각해보자. 이 힘은 날개가 만들어내므로 비행기의 위쪽 방향으로 생기고, 조종실 의자에 앉아 있는 조종사는 조

전투기가 조종사를 위로 번쩍 들어올리고 있다. 조종사는 이 힘을 앉아서 느낀다.

종석을 통해 이 힘을 느끼게 된다. 비행기가 위로 들리면, 조종석은 조종사의 엉덩이를 통해 이 힘을 전달하게 되고 위쪽으로 향하는 힘이 강해질수록 엉덩이가 눌리는 힘이 점점 더 세질 것이다.

우리는 땅에 앉아 있을 때도 엉덩이를 통해 우리의 무게를 느낄 수 있다. 바로 지구가 만들어내는 자연의 중력 때문이다. 만약 급선회하는 전투기에서 느끼는 힘을 지구 중력을 기준으로 설명해주면 객관적으로 체감할 수 있을 것이다. 지금 책을 읽고 있는 우리가 발바닥으로, 혹은 의자에 앉아 엉덩이로 느끼고 있는 힘을 자연의 중력 G(Gravity의 머리글자)라고 표시한다. 이 중력이 G라면 조종사가 2배의 힘을 엉덩이로 받고 있는 상황을 G의 2배, 2G로 표현할 수 있다. 그렇다! 조종사가 엉덩이를 통해 받는 힘을 표현하기 위해 우리가 평소에 느끼는 힘인 지구 중력을 기준으로 설명하는 것이 바로 G 표현의 의미다. 중력은 힘을 표현하기 위한 기준치일 뿐 조종사가 느끼는 힘의 원인은 아니었던 것이다.

다시 돌아와 일출을 보기 위해 선회하는 조종사 이야기를 해보자면, 이 조종사가 경험한 '자동차 급제동의 3배'의 힘의 크기를 G로 환산하면 4.4G에 달한다. 조종사의 몸무게가 70kg이라면 선회 중에는 310kg으로 증가하는 듯한 힘을 경험하게 된다. 이 정도라면 조종사가 괴로울 법하지 않은가!

빠른 속도로 비행하는 것도 중요하지만, 기민하게 방향을 바꾸는 능력 역시 전투기의 생명이다. 적기가 스쳐 지나갈 때 잽싸게 선회해 상대의 꼬리를 먼저 잡는 쪽이 생존하는 '전투'기이기 때문이다. 전투기 조종사들은 전투에서 우위를 차지하기 위해 더 강한 양력을 이용해 최대한 빠르게 선회하는 경쟁을 하게 된다. 이처럼 전투기가 더욱 신속하게 선회하는 상황은 우리가 공을 더 빨리 돌리는 것과 같다. 공을 빠르게 돌리면 돌릴수록 우리는 손에 더 많은 힘을 줘야 하는 것처럼, 전투기가 더욱 빠르게 회전할수록 더 큰 양력과 조종사의 인내가 필요하게 된다.

하지만 전투기와 조종사가 견딜 수 있는 힘에도 한계가 있다. 이 최대의 힘은 대략 9G 정도인데, 이를 무게로 표현하면 70kg의 조종사가 630kg이 되는 것과 같다. 이것이 어느 정도의 무게인지는 전투기 날개의 상황을 살펴보면 더욱 실감이 난다. 보통 전투기의 무게가 20톤 정도이므로 9G의 상황에서는 전투기 날개가 180톤의 무게를 짊어지게 된다. 180톤은 250인승 여객기 보잉767이 승객과 연료를 가득 실었을 때의 무게다. 전투기의 작은 날개로 여객기를 들어올리는 상황이 바로 9G의 의미다.

여기까지 조종사에게 가해지는 G-포스에 대해 알아보면서 비행기의 움직임이 우리가 느끼는 중력과 비슷한 힘을 만들어낸다는 것을 확인했다. 이처럼 움직이는 물체 '안'에서 느끼는 원심력과 같은 힘들을 물리에서는 조금 어려운 말로 '관성력'이라고 한다. 물체가 움직임을 바꿀 때는 그 안에 있는 우리도 관성을 지니므로 힘을 느끼게 된다는 것이다. 한편 비행기가 날아다니는 하늘에는 지구의 중력이 작용하고 있다. 비행기의 움직임이 만들어내는 '관성력'과 지구의 '중력'이 공존하면 종종 희한한 현상이 발생하는데, 무슨 현상인지 조금 더 다뤄볼까 한다.

비행기가 만들어내는 무중력 상태

지금까지 비행기가 고개를 위로 쳐들며 조종사를 들어올리는 상황만을 살펴봤다. 조종사를 밑에서 위로 들어올리는 힘을 키우다 보니, 조종사는 중력보다 큰 힘을 느껴왔고 이 때문에 1G보다 큰 상황이 생겨났다. 그런데 이제는 반대로 비행기가 고개를 내리면 어떤 현상이 벌어지는지 한번 생각해보도록 하자.

비행기가 아래로 내려갈 때는 어떤 느낌일까? 비행기를 탔던 기억을 더듬어보면 착륙을 위해 비행기가 땅으로 내려갈 때 몸이 붕 뜨는 듯한 오싹한 느낌을 받았던 것 같다. 이렇듯 비행기가 하강하면 상승할 때와는 정반대의 상황이 일어난다. 의자가 엉덩이를 평소보다 덜 누르는 이 상황은 우리가 느끼는 힘이 1G보다 작아지는 것을 의미한다. 마치 달에 온 것마냥 몸이 가벼워지는 꼴이다.

이제 비행기가 더 급하게 기수를 내리는 상황을 떠올려보자. 우리가 느끼는 힘은 1G에서 계속 줄어들고 몸은 가벼워지기 시작할 것이다. 0.8G… 0.5G… 0.3G… 그러다 어느 순간 우리가 느끼는 힘이 0G에 도달한다. 0G? 우리가 느끼는 힘이 0이라는 건… 아무런 힘이 느껴지지 않는다는 뜻인데…? 그렇

우리도 떨어지고 비행기도 똑같이 떨어질 때, 0G에 도달한다.

다. 0G는 우리가 느끼는 힘이 전혀 없는 상태, '무중력' 상태를 의미한다!

지구상에 있는 모든 물체는 중력 때문에 땅으로 떨어진다. 우리 역시 우리를 받쳐주는 무언가가 없다면 땅으로 떨어졌을 것이다. 그런데 우리에게 바닥을 제공하던 비행기가 자유낙하하며 땅으로 도망가기 시작한다면, 우리도 떨어지고 비행기도 함께 떨어지는 상황이 연출된다. 비행기가 우리가 떨어지는 만큼 정확히 도망갈 때, 우리의 발은 도망가는 비행기 바닥에 닿을 수 없고 바로 이 순간 우리가 무중력이라고 느끼

비행기가 자유낙하할 때, 우리는 무중력 상태를 체험할 수 있다.

는 0G에 도달한다. 실제로 무중력 체험 항공기는 빠르게 상승하는 상태에서 하늘에 던져진 돌처럼 포물선을 그리며 비행한다. 그 안에 타고 있던 사람들 역시 하늘에 던져진 셈이므로 포물선을 그리며 날아가게 될 테니, 그 경로를 그대로 따라

전지적 공대생 시점 TMI

지구 주위를 도는 인공위성 역시 같은 상황이다. 인공위성은 중력 때문에 지구로 계속 떨어지고 있다. 하지만 지구가 둥글다 보니 땅이 인공위성이 떨어진 만큼 도망가버리게 되고, 인공위성은 계속 지구 주변을 돌게 된다. 인공위성의 움직임을 바라보는 또 다른 시각이다.

가면 안에 있는 사람들은 무중력을 체험하게 되는 원리인 것이다.

무중력 상태는 비행기와 지구가 만들어내는, 관성력과 중력의 합작품이다. 비행기가 아래로 도망가니, 마치 우리는 위로 힘을 받는 것처럼 느끼게 되고(관성력), 중력이 만들어내는 가속도(중력가속도)를 상쇄하면서 두둥실 허공에 뜨는 것이다.

자유낙하보다 빠른 비행기
천장이 바닥이 되는 마법

2011년, ANA항공의 여객기가 조종계통 문제로 뒤집힌 상태로 비행한 사고가 있었다. 그런데 아이러니하게도 승객들은 비행기가 뒤집힌 적이 있다는 사실조차 인지하지 못했고, 모두 비행기가 계속 하늘로 솟구치는 느낌을 받았다고 이야기했다. 실제로 비행기 내부에 가해졌던 힘은 무려 2.5G로 승객들을 좌석에 짓누르는 힘이었다. 비행기가 뒤집혔다면 승객들과 짐이 모두 천장으로 '떨어졌을' 것 같지만 오히려 비행기 바닥에 달라붙었던 것인데, 이 현상 역시 비행기의 움직임이 만들어내는 힘의 장난이다.

0G(무중력)는 비행기가 자유낙하하는 모습과 동일하게 움직일 때 발생한다. 이번에는 비행기가 떨어지는 정도를 중력보

중력가속도보다 더 빠르게 비행기가 하강하면 천장에 발을 디딜 수도 있다.

다 더 크게, 그러니까 0G보다 더 작은 G를 상상해보자. 태초에 우리의 발은 땅에 붙어 있었고 비행기가 서서히 떨어지기 시작하며 발이 자유롭게 뜨는 0G에 도달했었다. 이제 그보다 상황이 더 심해진다면? 우리가 천장에 달라붙기 시작할 것이다. G가 더욱 작아지다가 -1G에 도달하면 어떻게 될까? -1G는 정확히 중력만큼 더 빠르게 비행기가 떨어진다는 것이니, 우린 이제 천장이 바닥인 것마냥 자연스럽게 발을 디딜 수 있게 되는 것이다.

모기 잡는 상황을 떠올려보면 더 쉽게 이해할 수 있다. 날아다니는 모기를 향해 분노의 스파이크를 내리쳤다면 모기는 다리가 아닌 머리 쪽에서 충격을 받고 아래로 튕겨 나가게 된다. 중력보다 비행기가 더 빠르게 땅을 향해 하강할 때도 비슷하게, 우리는 마치 세상이 뒤집힌 것처럼 천장으로부터 힘을 받게 되고, 거꾸로 서도 불편함을 느끼지 않게 된다.

ANA 항공기는 뒤집힌 상태에서 지면 쪽으로 굉장히 빠르게 가속하고 있었다. 이 때문에 승객들은 자연스럽게 중력의 가속도보다도 더 빠르게 떨어지는 비행기의 바닥으로부터 힘을 받았고, 상황이 자연스러웠던 탓에 비행기가 뒤집혔다는 사실을 전혀 인지하지 못했던 것이다.

관성력과 중력이라는 단어가 언뜻 어렵게 느껴질 수도 있지만, 사실 우리가 늘 경험하는 익숙한 힘들이다. 자동차를 타

전지적 공대생 시점 TMI

일반 독자에게 쉽게 설명하기 위해 일부 내용을 단순화했다. 좀 더 엄밀한 설명을 원하는 분들을 위해 일부 설명을 추가한다.

1. 관성력과 원심력은 가속좌표계(관성좌표계가 아닌) 안에서 운동을 설명하기 위해 고안된 가상의 개념이다. 두 힘은 실재하지 않는 가상의 힘이다.
2. 이해를 돕기 위해 일부 모호하거나 옳지 않은 표현이 사용되었다. 속력과 구분되지 않은 '속도'나 '중력보다 더 빠르게'라는 표현이 그 예다. 즉 힘, 속력, 속도, 가속도의 개념을 엄밀히 구분하지 않았다. 시적 허용처럼 이해해주시길 바란다.

고 코너를 돌 때 우리는 한쪽으로 쏠리는 느낌을 받는데, 이 힘이 바로 관성력이다. 이번 장에서 이야기한 비행기의 경우 자동차처럼 좌우뿐 아니라 위아래로도 느낀다는 것 정도가 차이일 뿐이다.

전투기뿐만 아니라 여객기에서도 조종사가 경험하는 힘을 어느 정도 느껴볼 수 있다. 바로 이륙할 때와 기울어진 상태로 선회할 때다. 다음에 비행기를 탈 일이 생긴다면, 비행기가 이륙할 때나 선회할 때 우리 몸이 묵직하게 아래로 눌리는 듯한 느낌을 따라가며 "음, 이건 관성력이군"이라고 속으로 생각해 보면 어떨까?

10 영원한 낙하

중력 사용법

뉴턴은 떨어지는 사과를 보고 만유인력의 법칙을 생각해냈다고 한다. 만유인력의 법칙의 발견은 "모든 물건은 고향으로 돌아가는 성질이 있기에 땅으로 떨어지려는 것"이라는 아리스토텔레스의 신화 같은 설명에 종지부를 찍는 순간이었다. 만유인력의 법칙에 따르면 모든 물체는 그 질량에 비례하는 인력(끌어당기는 힘)을 만들어낸다. 이제 지구라는 거대한 덩어리가 만물을 지상으로 끌어당기는 '중력'의 존재 역시 과학의 힘으로 설명되기 시작했다. 한편 만유인력의 발견이 설명할 수 있었던 것은 중력뿐만이 아니었다. 이 법칙의 진짜 의미는 아이러니하게도 영원히 지구에 발을 디디지 않는 존재, 달이 떨어지지 않는 이유를 설명한다는 데에 있었다.

우리는 언제 중력의 존재를 느낄 수 있을까? 땅에 발을 딛거나 바닥에 누울 때, 땅과 닿아 있는 곳이 눌리는 느낌을 받으며 중력의 존재를 확인할 수 있다. 즉 중력에 반하는 것이 있을 때 비로소 중력의 존재를 실감하게 된다. 앞서 비행기 이야기에서도 살펴보았듯이 모든 물체가 같은 가속도로 떨어질 때 우리는 두둥실 떠 있는 상태를 경험하게 된다. 그 결과 마치 아무런 힘이 작용하지 않는 것 같은 순간을 '무중력' 상태라고 부른다. 엄밀히 말하면 중력'만'이 작용하고 있는 상태임에도 불구하고 말이다. 무중력이란 중력이 없다는 뜻인데, 사실은 중력만이 존재하는 상태라니 모순적이지 않은가!

우주는 우리가 가장 확실하게 무중력을 경험할 수 있는 공간이다. 이는 우주에 중력이 없기 때문이 아니라 발 디딜 곳 없이 중력에 따라 한없이 떨어지는 공간이기 때문이다. 이런 측면에서 보면 지구 주위를 맴도는 우주정거장, 인공위성, 그리고 달까지 모두 지구를 향해 '떨어지는 중'이라고 할 수 있다. 모든 물체가 대지를 고향으로 여겨 땅으로 떨어진다는 설명이 지배하던 시대엔 달은 떨어지지 않는 특별한 존재였다. 하지만 뉴턴의 만유인력과 중력의 발견으로 달 역시 한없이 떨어지고 있는, 보편적인 존재라는 것이 밝혀졌다.

그러므로 "달은 왜 떨어지지 않는가?"라고 묻는 것은 잘못된 질문이다. 달은 지금도 떨어지고 있으니까. 대신 "달은 어떻게 무한히 떨어질 수 있는가?"라고 묻는 게 올바른 질문이다.

달이 땅에 닿지 않는 이유
영원한 낙하

무한히 떨어진다는 말의 '무한하다'라는 의미는 의아하다. 떨어지는 것에는 분명 끝이 있어야 마땅하지 않을까? 하늘을 향해 던진 공은 얼마 지나지 않아 땅에 떨어진다. 하늘을 향해 발사한 권총의 총알도 시간이 지나면 땅 어딘가에 떨어지기 마련이다. 하지만 달은 우리가 상상할 수 없는 오랜 시간 동안 지구를 향해 떨어지는 중이지만 조금도 가까워지지 않았다. 영원히 떨어지는 방법, 그래서 영원히 떨어지지 않는 방법은 무엇일까?

공을 비스듬히 던지면 그 궤적은 땅과 맞닿는다. 하지만 공이 떨어진 만큼 땅이 멀어지면 어떻게 될까? 앞 장에서 살펴봤듯이 사람과 비행기가 동일한 궤적으로 낙하할 때 무중력을 체험하는 상황처럼 말이다. 공이 떨어지지만 땅이 그만큼 멀어진다면 공은 무한히 떨어질 수 있을 것이다. 하지만 땅이 멀어진다고? 이게 무슨 말인가 싶지만 충분히 가능한 이야기다. 바로 우리가 서 있는 이 지구가 둥글기 때문에, 그러니까 중력이 작용하는 방향으로 땅은 무한히 낮아지는 모양이라고 볼 수 있기 때문이다.

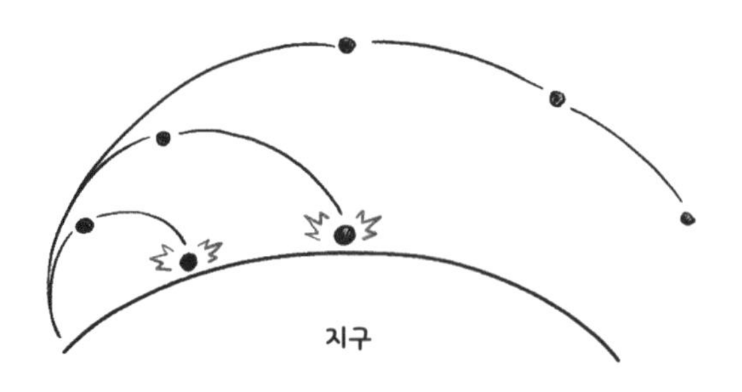

만약 우리가 공을 충분히 빠르게 던질 수 있다면, 중력으로 공이 떨어지는 거리와 지구의 곡률로 땅이 멀어지는 거리를 일치시킬 수 있게 된다. 그리고 공은 영원히 중력에 이끌려 무한히 떨어지고, 지구 주변을 맴도는 궤적을 그리게 된다. 조금 극단적인 이 해법은 실제로 달을 비롯한 행성 주변을 맴도는 모든 것들의 운동을 완벽하게 설명한다. 영원히 떨어지지 않기 위해 필요한 건, 충분히 빠른 속도인 것이다.

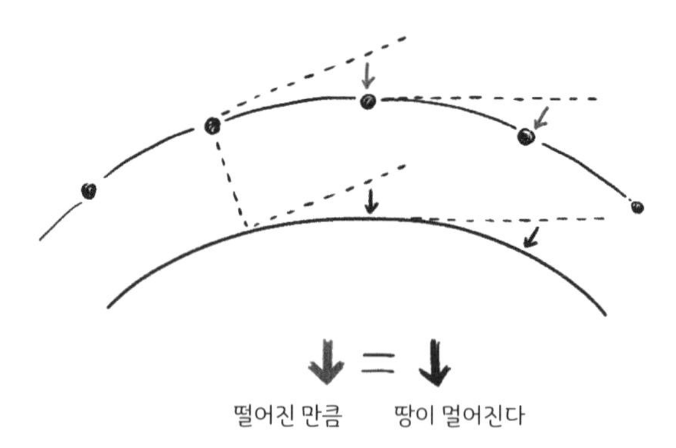

우주에서 중력을 이겨내는 방법
궤도 비행

지구에서는 중력을 이겨내기 위해 날개를 사용했었다. 하지만 이 방법은 공기가 없는 우주에서는 사용할 수 없다. 대신 사람들은 떨어지지 않는 달을 바라보며 우주에서도 중력에 얽매이지 않고 비행을 이어나갈 방법을 떠올리기에 이른다.

원형으로 회전하기 위해서는 회전의 중심 방향으로 물체를 잡아당겨주는 힘인 '구심력'이 필요하다. 지구를 감싸는 커다란 궤적을 돌기 위해 필요한 구심력이 딱 지구의 중력만큼이라면 물체는 지구 주위를 돌 수 있을 것이다. 중력과 원심력을 설명하는 공식은 오래전에 이미 존재했다. 이제 이 두 공식이 가리키는 값이 일치하는 조건을 찾으면 지구 주위를 맴돌 수 있는 방법을 찾는 것이 되겠다. 이 방법으로 구한 행성 주변을 돌 수 있는 궤도속도를 찾는 공식은 아래와 같다.

$$v = \sqrt{\frac{GM}{r}}$$

$$\text{궤도속도} = \sqrt{\frac{\text{중력 상수} \times \text{행성 질량}}{\text{궤도 반지름}}}$$

여러 가지 용어가 나와서 복잡해 보이지만, 여기서 눈여겨

볼 것은 궤도 반지름(r) 하나뿐이다(중력 상수 G와 지구의 질량 M은 고정된 값이라 신경 쓰지 않아도 된다). 공식에 따르면 궤도 반지름의 제곱근과 비행 속도는 반비례한다. 풀어서 이야기하자면 반지름이 커지면 커질수록 원형 궤도 비행에 필요한 비행 속도는 느려지는 것이다. 곱씹어 생각해보면 이는 곧 궤도의 높이에 따라 지구 주위를 맴돌기 위한 속도, 혹은 위성의 공전(지구 주위를 도는) 주기를 조절할 수 있다는 뜻이 된다. 빠르게 회전하고 싶으면 고도를 낮추면 되고, 조금 느긋하게 돌고 싶다면 더 높은 고도를 사용하는 것이다.

궤도와 고도의 관계를 이용해 과학자들은 몇 가지 흥미로운 궤도를 마련할 수 있었다. 그중 하나가 지구저궤도Low Earth Orbit(LEO)라는 이름의 궤도다. 지구저궤도는 공기저항의 영향을 받지 않을 정도의 고도 중에서 가장 낮은 고도에 형성된 궤도로 이 구역의 비행 속도는 약 7.4km/s다(이는 2만 6640km/h에 달하는 무시무시한 속도다). 지구저궤도는 고도가 낮은 만큼 비교적 쉽고 저렴한 비용으로 도달할 수 있기 때문에 대부분의 인공위성들은 지구저궤도에 놓이곤 한다. 우리가 아는 우주왕복선과 우주정거장도 지구저궤도를 무대로 삼는다.

한편 지구저궤도는 한 가지 단점이 있다. 바로 공전 주기가 너무 짧다는 것이다. 지구저궤도의 위성들은 하루에 지구를 스무 바퀴나 돈다. 이런 위성에서 지구를 바라보면 지구는 정신없이 도는 모습일 것이다. 그렇다면 위성으로 지구의 특정 지점을 꾸준히 바라볼 수 있는 궤도를 만들어볼 수는 없을까? 물론 가능하다. 앞서 공식을 통해 비행 속도를 낮추고 싶으면 궤도의 고도를 더욱 높게 만들면 된다는 것을 확인했다. 궤도의 회전속도가 하루의 주기와 일치하도록 맞춘다면 인공위성은 지구 위 한 점을 꾸준히 바라보며 비행할 것이다. 이 궤도를 지구정지궤도Geo-Stationary Orbit(GSO)라고 한다. 이 궤도를 회전하기 위한 속도는 2.4km/s로(물론 여전히 빠르지만) 상대적으로 느린 편이다. 하지만 고도는 무려 3만km로 지구저궤도의 10배가 넘는다. 지구 위 한 지점만 바라볼 수 있지만, 지구에서 너무 멀어 도달하기 어렵고 비용이 많이 든다는 단점이 있다.

행성과 위성의 관계
우주속도

이제 우주여행의 범위를 좀 더 넓혀보자. 지구를 떠나보는 것은 어떨까? 지금까지는 지구 주위를 맴돌기 위한 속도를 계산했다. 그렇다면 지구의 중력에서 완전히 벗어날 수 있는 속도는 어떻게 될까?

과학자들이 연구해보니 궤도를 탈출해 영영 지구로 돌아오지 않을 수 있는 최소한의 속도는 위에서 구한 원형 궤도

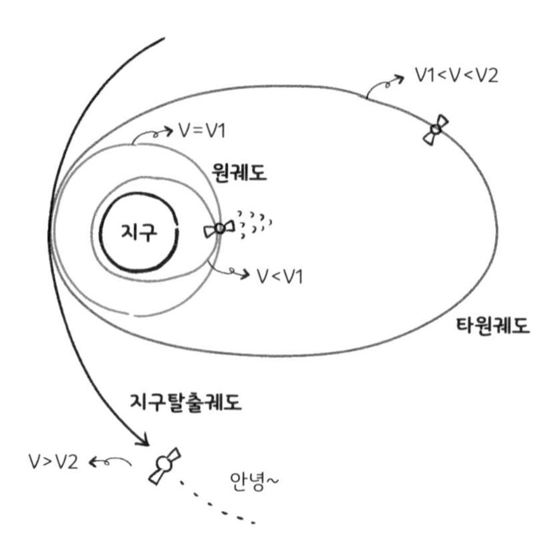

우주속도와 궤도의 모양.

속도의 1.41배임이 밝혀졌다. 그러니까 지구저궤도의 경우 원형궤도를 돌기 위한 속도가 7.4km/s였으니, 약 10.5km/s의 속도가 지구를 탈출하기 위한 속도가 된다. 지구정지궤도의 경우에는 탈출이 더 쉬워지는데, 원형 궤도 속도가 2.4km/s이므로 3.4km/s로만 속도를 높여도 지구와의 작별인사가 가능해진다.

우주를 여행하는 속도를 좀 더 쉽게 설명하기 위해 과학자들은 몇 가지 중요한 속도에 이름을 붙였다. 이름하여 '우주속도'라는 것인데, 지구를 원형 궤도로 맴돌 수 있는 속도를 제1우주속도(V1), 그리고 지구를 탈출하는 속도를 제2우주속도

(V2)라고 한다. 지금까지의 이야기를 이 용어들로 표현해보자면, 지구저궤도(LEO)에서의 V1은 7.4km/s이고 V2는 10.5km/s가 된다. 훨씬 더 간략하고 깔끔하게 정리되지 않는가? 이어지는 이야기는 우주속도 이름으로 계속해보자.

이쯤에서 한 가지 궁금증이 생긴다. 앞서 지구 주변을 원형으로 도는 속도인 제1우주속도를 계산했다. 그리고 이 속도의 1.41배의 속도로 가속하면 지구를 벗어난다는 것까지 알았다. 그렇다면 제1우주속도와 제2우주속도 사이의 속도로 비행하면 궤도가 어떻게 되는 걸까? 원형도 아니고, 그렇다고 지구를 벗어나지도 않는 궤도일 텐데 말이다.

원도 아니지만 그렇다고 끊어진 모양도 아닌 둥근 궤도. 그 모양은 바로 타원형이다. 제1우주속도와 제2우주속도 사이의

전지적 공대생 시점 TMI

태양을 기준으로 V1을 계산해보면 어떻게 될까? 지구와 태양의 거리인 1억 5000만km에서 원형 궤도속도 V1을 계산해보면 대략 30km/s가 나온다. 이 속도가 바로 지구가 태양 둘레를 공전하는 속도다(지구가 이렇게 부지런히 이동하고 있었다). 이때 지구의 공전궤도를 기준으로 V2를 계산해보면 42.4km/s가 나온다. 그렇다면 태양을 기준으로 하는 V2는 무슨 의미일까? 이 속도를 초과하면 영영 태양계로 돌아오지 못한다. 즉 태양계를 탈출하게 된다는 뜻이다. 태양계와 작별인사를 하고 싶다면 42.4km/s보다 빠르게 비행하면 된다!

속도로 비행하면 위성은 타원형의 궤도를 그리게 된다. 제1우주속도에서 속도를 점점 높여가면 원형이던 궤도가 피자 반죽이 늘어나듯이 쭈욱 늘어지기 시작하면서 타원 모양이 된다. 타원형 궤도가 늘어질수록 우주선은 점점 더 깊은 우주에 발을 담그기 시작한다. 그러고는 시간이 흐른 뒤 지구로 돌아오게 된다. 지구 가까이로 돌아온 우주선이 다시 가속해 제2우주속도보다 빨라지면 타원형 궤도의 끝은 끊어지고, 우주선은 영영 지구로 돌아오지 않는, 억겁의 깊이를 자랑하는 심우주 속으로 사라지게 될 것이다.

우주를 여행하는 방법
호만 전이

지금까지 지구 주변을 도는 속도인 제1우주속도, 지구와 작별인사를 하는 제2우주속도, 그리고 지구로 귀환하면서도 우주 깊숙이 발을 담그고 올 수 있는 그 사이의 속도에 대해 이야기했다. 이제 지구 주변에 머물 수도, 멀리 다녀올 수도, 영영 떠나버릴 수도 있게 되었으니(게다가 우주미아가 되지 않기 위한 조건을 알게 된 것은 확실하다) 우주여행을 위한 기본적인 재료는 준비된 셈이라 할 수 있겠다. 이제 우주여행을 시작해볼 때가 왔다.

지구 위 한 지점을 빤히 쳐다보기 위해 올라타야 하는 지구

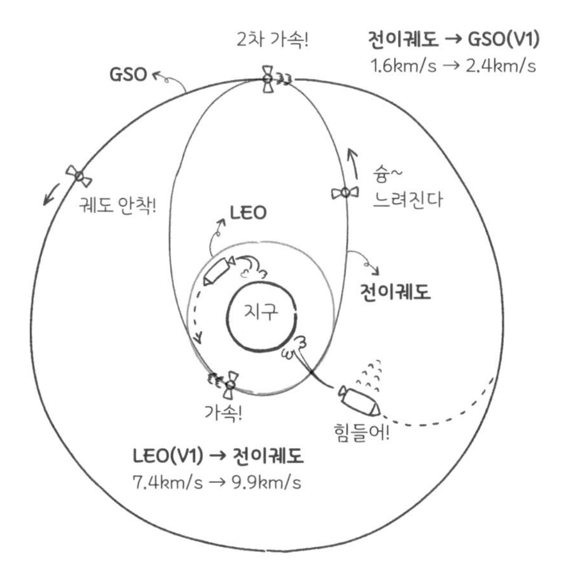

궤도 간 호만 전이.

정지궤도(GSO)는 고도가 3만km나 되기 때문에 한 번에 도착하기엔 어려운 궤도다. 그래서 보통은 지구저궤도에 자리를 잡은 뒤 궤도 모양을 바꿔가면서 더 높은 궤도로 자리를 옮기는 방식을 사용한다. 이때 사용되는 궤도가 바로 타원형 궤도다. 약간의 가속을 통해 타원형 궤도를 만들면 현재 올라 있는 원형 궤도보다 더 먼 공간까지 산책을 다녀올 수 있다. 타원의 긴 방향 끝단이 도착하고 싶은 궤도에 맞닿을 정도로 가속해주면 그 후엔 행성들이 만들어내는 중력의 장을 따라 자연스럽게 다른 궤도에 도달하게 된다.

원하는 궤도에 우주선이 닿았을 때 가만히 있는다면 타원 궤도를 따라 다시 지구와 가까운 저궤도로 돌아오게 된다. 반면 더 높은 궤도에 머무르기 위해서는 타원형 궤도를 반지름이 더 큰 원형 궤도로 바꾸는 작업이 필요하다. 이때 역시 가속을 통해 우주선의 속도를 높여줘야 하는데, 도착한 궤도에 해당하는 제1우주속도로 가속해준다. 이제 우주선은 더 높은 궤도인 지구정지궤도에 살포시 놓여 한동안 지구 주변을 돌아다니게 될 것이다.

이처럼 타원형 궤도를 사용해 다양한 궤도 사이를 오가는 비행 방법을 호만 전이Hohmann transfer라고 부른다. 호만 전이가 유용한 이유는 연료를 효율적으로 사용하면서 우주여행을 할 수 있기 때문이다. 로켓 엔진을 사용해 한번에 높은 궤도로 올라가면 가는 내내 중력의 힘을 이겨내느라 연료를 많이 소모하게 된다. 반면 호만 전이는 투포환 선수가 공을 던지듯 회전하는 힘을 이용해 멀리 나아가기 때문에 궤도의 모양을 바꿀 때를 제외하고는 연료를 전혀 사용하지 않을 수 있다.

호만 전이를 이용하면 행성 간의 여행도 가능하다. 원리 자체는 동일하다. 목표하는 행성이 있을 것으로 예상되는 지점을 파악해 그 방향으로 타원을 늘려주고 슝 날아가면 된다. 목표 행성에 가까워지고 그 행성의 중력권 안에 들어가면 해당 행성 주변을 돌 수 있도록 속도를 적절히 낮춰주는 작업이 진

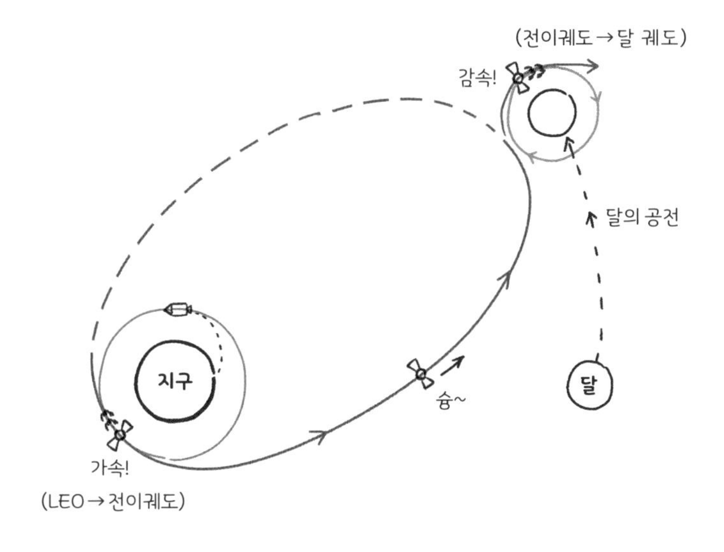

궤도 간 호만 전이.

행된다. 만약 속도가 너무 빨라 도착 행성의 제2우주속도를 초과한다면 우주선은 행성의 궤도에 안착하지 못하고 튕겨 나가기 때문이다. 이렇게 적절한 감속까지 잘 이루어진다면 우주선은 행성의 궤도에 진입하게 되고 행성 간 여행이 마무리된다. 실제로 아폴로 달 탐사 임무부터 지금의 화성 탐사선 임무까지 수많은 비행 계획들이 호만 전이 궤도를 이용해 설계됐다.

우주는 넘실거리는 중력으로 꽉 찬 공간이다. 이 공간을 누비기 위해 우리는 중력을 사용하는 방법을 찾아냈고 공기가 없는 환경에서도 여행하는 방법을 터득했다. 중력의 공간 속에서 지구를 무한히 도는 달을 바라보면 장대한 우주를 여행하는 상상을 하게 되는 것만 같다.

11 우주에 닻을 내리는 방법

무중력 사용법

우주 공간은 중력으로 꽉 차 있다. 중력이 가득한 공간에 가만히 놓인다면 중력의 근원지 중 하나로 끌려 들어가고 말 것이다. 즉 물고기가 헤엄치며 숨을 쉴 수 있듯이 행성에 충돌하지 않기 위해서는 끊임없이 움직이며 중력에 대항해야 한다.

우주에서 '가만히' 있는다는 것은 불가능한 일일까? 비행기도 하늘에서는 계속 움직이더라도 착륙 후에는 땅에서 가만히 쉴 수 있는데, 우주선을 우주에 띄워놓고 매번 어디에 있는지 찾아다녀야 한다면 관리하기가 여간 어렵지 않을 것이다. 나름 우주'선船'인데, 배처럼 한곳에 가만히 묶어둘 수는 없을까?

다양한 천체, 다양한 중력 그 속에서 힘의 균형 찾기

우주 공간에는 발을 디딜 땅도, 밧줄로 묶어둘 부두도 없다. 우주에서 가만히 있기 위해서는 오로지 아무런 힘도 작용하지 않는 상태가 유지되기를 바랄 수밖에 없다. 적어도 작용하는 모든 힘이 균형을 이루어 어떤 움직임도 발생하지 않는 지점을 찾아야 한다. 우주는 다양한 천체에서 발생한 중력으로 꽉 차 있는 공간이다. 그러니 이 중력들이 서로 균형을 이루는 지점, 그러니까 진정으로 모든 중력이 상쇄되는 진짜 '무중력' 공간을 찾는 것이 우주선 정박의 핵심이다.

가장 간단한 경우로 2개의 행성이 만들어내는 균형을 생각해볼 수 있다. 행성은 자기 자신에게 끌어당기는 중력을 각각 만들어내므로 그사이 어딘가에는 두 행성의 중력이 정확히 같아지는 지점이 있을 것이다. 예를 들어 지구와 달의 경우 지구는 달보다 81배 무거우므로 중력을 설명하는 공식에 따라 지구와 달로부터의 거리가 약 9:1이 되는 지점에서 균형을 이룬다는 것을 구할 수 있다.

그런데 여기서 한 가지 더 생각해야 할 것이 있다. 바로 두 행성이 가만히 있지 않고 서로 공전하고 있다는 사실이다. 행성이 서로를 감싸며 도는 상황이기 때문에 두 행성을 따라 회

두 행성 사이에는 모든 중력이 상쇄되는 무중력 공간이 존재한다.

전하는 공간(정확한 표현으로는 '좌표계' 또는 'frame')에서는 '원심력'이라는 또 다른 힘을 고려해야 한다. 원심력은 우리가 익히 알고 있듯이, 회전하는 물체가 회전중심으로부터 바깥으로 벗어나려는 힘이다. 자동차가 급커브를 돌 때 우리의 몸이 커브 반대 방향으로 쏠리는 것을 떠올려보면 된다. 두 행성을 따라 함께 돌고 있는 공간에서는 행성들의 회전중심에서 바깥을 향하는 방향의 원심력이 작용하고 있다는 점을 생각해야 한다.

원심력을 지구-달 공간에 적용해보자. 지구가 달보다 훨씬 무거우므로 둘의 회전중심은 지구에 더 가까이 놓인다. 기존의 균형점은 달에 가깝게 있었으니 원심력은 균형점에서 달 쪽으로 작용할 것이다. 이제 힘의 균형을 위해서는 원심력이 작용하는 만큼 지구 중력의 영향을 키워줘야 하므로 균형점은 지구에 조금 더 가깝게 놓이게 된다. 여기까지만 보면 원심력을 고려하는 것도 알겠고, 균형점의 위치가 조금 바뀌는 것까지도 쉽게 이해가 된다. 하지만 원심력을 고려하는 순간 이보다 더 큰 변화가 생기게 된다. 바로 균형점이 무려 5개로 늘어나게 된다는 것! (주차 공간이 늘었다!) 조금 전 예시에서는 균형점이 두 행성 사이의 지점 단 하나였다. 그 외의 지점에서는 중력에 이끌려 두 행성 중 하나로 끌려갈 것이다. 원심력이 어떤 역할을 했기에 균형점이 여러 개로 늘어날 수 있었던 것일까?

우주에 내리는 닻
라그랑주 점

라그랑주 점은 공전하는 두 행성이 만들어내는 힘의 균형점을 의미한다. 즉 우리가 앞서 '균형점'이라 말했던 행성 사이의 모든 주차 공간이 라그랑주 점이다. 공전하고 있는 행성들과 함께 회전하는 공간에서 우리는 중력과 원심력을 통해 이 라그랑주 점들을 찾아낼 수 있다.

과학자들은 라그랑주 점들을 편하게 부르기 위해 알파벳 L과 번호를 붙여서 각 점에 이름을 지었다. 이 점들 중 우리가 가장 먼저 찾아냈던 점이 행성 사이의 점, L1이다. L1은 이미 알고 있는 주차장이니 다른 점들부터 살펴보자면, L2와 L3가 있다. 원심력을 고려하면서부터 새로이 찾아낼 수 있는 L2와 L3는 L1처럼 행성을 잇는 직선상에 놓여 있다. 이 두 점은 원심력을 두 행성의 중력의 합으로 이겨내는 곳으로 원심력을

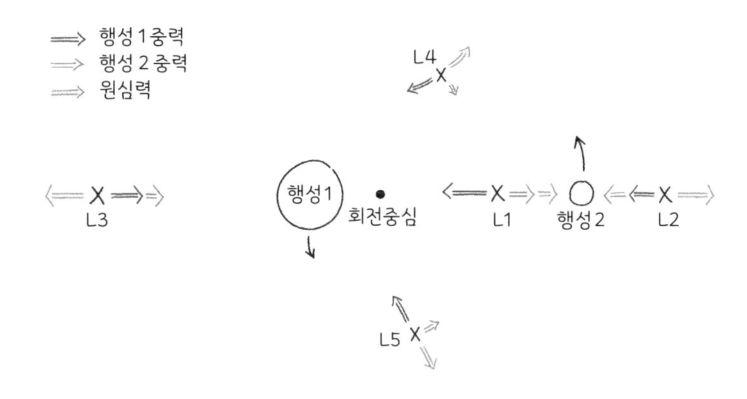

두 행성 사이에는 총 5개의 주차 구역(라그랑주 점)이 있다.

생각하지 않았다면 없었을 점들이다.

한편 발견하기 조금 까다로운 라그랑주 점도 있다. 바로 L4와 L5 지점인데 이 둘은 행성들을 연결한 일직선 위에 있지 않고 아주 오묘한 방식으로 균형을 이룬다. 두 행성이 물체를 행성 사이 일직선상으로 끌어당기지만, 원심력이 이를 절묘한

L4와 L5는 절묘한 지점이었던 만큼 L1, L2, L3에 비해서 발견이 살짝 늦었다. 1번부터 3번까지의 라그랑주 점은 저명한 수학자 레온하르트 오일러Leonhard Euler에 의해 1767년 발견되었다고 한다. 하지만 라그랑주 점의 이름에서 알 수 있듯이 L4와 L5를 포함해 모든 균형점을 다 찾은 사람은 오일러가 아닌 조제프 루이 라그랑주Joseph Louis Lagrange였다. 그는 1772년에 자신의 발견을 발표했다.

각도로 버텨내면서 결국 균형을 이뤄낸다.

이렇게 행성 2개만 있다면 적어도 5개 지점에서는 안심하고 우주선을 세워둘 수 있다는 사실을 알았다. 태양계만 하더라도 한 짝의 행성을 찾을 경우는 다양하다. 당장 지구와 달만 하더라도 둘이 만들어내는 라그랑주 점은 요긴해 보인다. 그 외에도 태양과 지구의 라그랑주 점, 태양과 목성의 라그랑주 점 등 우주여행 경로에도 다양한 휴게소를 만들어보면 어떨까 하는 생각도 든다. 하지만 라그랑주 점들을 편안한 휴게소로 사용하기 전에 더 따져봐야 하는 조건이 있다. 바로 그 라그랑주 점의 균형이 '안정한가?'이다.

뒤집은 그릇 위의 구슬
안정성과 불안정성

균형을 이뤘다는 것은 모든 힘의 합이 상쇄되었다는 것을 의미한다. 따라서 균형을 이루는 곳에 물체가 놓이면 그 물체는 움직이지 않는다. 이 정도면 휴게소로 쓰기에 손색이 없을 것 같은데, 안정성을 따져봐야 한다는 것은 어떤 의미일까? 라그랑주 점과 안정성에 대해 조금 더 다뤄보도록 하자.

균형의 안정성이란 균형에서 벗어났을 때의 반응이 어떤지를 묻는 것이다. 균형에서 벗어나더라도 원래의 균형 상태로 되돌아올 수 있다면 우리는 별일이 있지 않는 한 물체가 균형점에 영원히 머물 것이라 생각할 수 있다. 즉 안정한 균형인 것이다. 하지만 균형에서 약간만 벗어나도 균형점에서 점점 멀어지는 모양이라면 그 상태는 유지하기 어려운 불안정한 균형이라 할 수 있다.

그릇에 담긴 구슬과 뒤집은 그릇 위에 올려놓은 구슬을 떠올리면 쉽게 이해할 수 있다. 그릇에 담긴 구슬은 그릇의 가장 오목한 곳에 머문다. 우리가 그릇을 흔들어도 구슬은 잠시 오목한 곳에서 벗어나지만 이내 원래 위치로 굴러간다. 반대로 그릇을 뒤집어 볼록한 꼭대기에 올려놓은 구슬은 그렇지 못하다. 아주 섬세하게 공을 그릇 꼭대기에 잘 올려놓았다고 한들, 조금이라도 흔들면 구슬은 내리막을 따라 균형점인 그릇 꼭대기에서 빠르게 도망가버린다. 연필을 손가락 위에 세우는 것, 바람이 불어오는 방향으로 부채를 향하는 것 등이 모두 불안정한 균형의 예다.

균형점들이 우주선 주차장으로 쓰이기 위해서는 힘의 균형을 이루면서도 안정성도 있어야 한다. 하지만 애석하게도 라그랑주 점들은 모두 불안정한 균형에 속한다. L1을 예시로 보자. L1에서 어느 행성으로 조금이라도 가까워진다면 중력의 균형이 깨지면서 물체는 가까워진 행성 쪽으로 이동하기 시작한다. 마치 볼록한 그릇 위의 구슬처럼 말이다. 대신 행성을 잇는 일직선상에 수직 방향으로는 오목한 그릇의 구슬처럼 안정적인 모습을 보인다. 두 행성이 모두 일직선상으로 물체를 잡아당기니 일직선에서 벗어나지는 않는 것이다. 이처럼 행성을 잇는 선의 일직선상에서는 불안정하고, 수직 방향으로는 안정된 특성을 띠는 점들은 L1, L2, L3 이렇게 3개가 있다.

L4와 L5의 경우 모든 방향으로 불안정한 형태를 띠고 있다. 그 의미는 L4나 L5 근처에 놓인다 해도 결국 물체는 두 점으로부터 서서히 멀어지게 된다는 뜻이다. 다만 한 가지 특징이 있다면 이곳의 불안정성이 약한 편이다. 그릇으로 비유하자면

전지적 공대생 시점 TMI

행성 둘과 그 사이를 돌아다니는 우주선. 이렇게 3개의 물체가 중력으로 상호작용할 때의 움직임에 대한 문제를 삼체문제three-body problem라고 한다. 뉴턴, 라그랑주 등 내로라하는 천재들이 이 문제를 풀어보려 노력했지만 헛수고였다고 한다. 그러다가 1887년, 프랑스의 수학자 앙리 푸앵카레Henri Poincaré가 삼체문제의 일반적인 해는 구할 수 없다는 것을 증명하기에 이른다. 라그랑주 점은 삼체문제 중에서도 물체 1개의 무게가 매우 작아 영향력이 없다는 가정하에 푼 특수한 경우에 해당한다. 삼체문제는 그 복잡성과 예측 불가능성을 기반으로 훗날 '나비효과'로 유명한 '카오스 이론'으로 이어졌다.

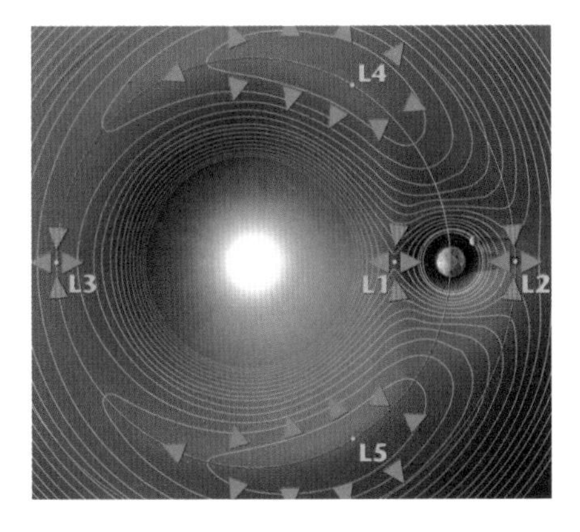

빨간 화살표는 안정한 방향, 파란 화살표는 불안정한 방향을 나타낸다.

그릇이 볼록하긴 하지만 그 경사가 상당히 완만한 것이다. 덕분에 L4와 L5 근처에 놓인 물체는 아주 특별한 힘의 영향을 받아 의외로 어느 정도 안정 상태를 유지하게 된다. 모든 방향으로 불안정하지만 오히려 어느 정도 안정하다니, 자세한 건 곧 다뤄보도록 하자.

우주에 닻을 내리는 방법 I
L1, L2, L3

조금은 아쉽게도 라그랑주 점들은 저마다 불안정성을 지니고 있었다. 특히 L1, L2, L3의 불안정성은 상당해서 그 지점들에 어떤 천체가 자연적으로 머무르게 될 가능성은 사실상 없고 실제로도 3개의 라그랑주 점에서 자연적으로 발견된 천체는 없다고 한다.

그렇다고 라그랑주 점을 못 쓸 것도 아니다. 불안정하면 계속 균형을 유지하도록 보정을 거치면 될 일! 라그랑주 점 중에도 그 쓸모를 인정받아 주기적인 보정을 감내하면서도 많은 인공위성의 사랑을 받는 점들이 있다.

태양-지구의 L1은 태양과 지구 사이에 자리해 있다. 이곳에서 태양을 바라보면 지구나 달에 의해 관측이 방해받을 일이 없어 태양 연구에 용이하다. 또 이곳에서 지구를 바라보면 항상 해가 떠 있는 밝은 지구의 모습만이 보이는 부가적인 이점도 있다. 이 때문에 태양-지구의 L1에는 태양 관측용 인공위성, 태양 망원경 등이 쏘아 올려져 지금도 열심히 근무 중이라고 한다.

반대로 심우주를 관찰하고 싶다면 태양 빛은 최대한 피하고 싶을 것이다. 이처럼 태양 빛이 오히려 방해가 될 때는 태양-지구 L2를 사용하면 된다. 이곳에서 태양을 등진다면 지구나 달에 의해 방해받지 않으면서도 태양 빛의 방해를 받지 않는 깨끗한 심우주의 모습을 담을 수 있다. 이 때문에 최근(2022년)에 쏘아 올려진 차세대 우주망원경 제임스 웹James Webb 망원경이 바로 태양-지구 L2에 올려졌다.

그 외에도 지구-달 L1은 지구와 달 사이를 잇는 우주정거장의 후보지로 거론되고 있고, 지구-달 L2는 달 반대편 통신을 위한 인공위성이 자리하는 등 라그랑주 점은 다양한 형태로 활용되고 있다. 덧붙이자면, 태양-지구 L3는 지구에서는 보이지 않는 태양 너머의 점이어서 사람들의 호기심을 자극했던 모양이다. 태양-지구 L3는 지구를 몰래 염탐하는 외계의 존재가 머문다는 SF 소설의 소재로도 인기가 있었다고 한다(실제로는 아무것도 없다).

L1, L2, L3 라그랑주 점에 올라간 우주선은 주기적으로 궤도를 수정해주어야 한다. 행성축 방향으로 강한 불안정성을 갖기 때문에 계속 놔뒀다간 두 행성 중 한쪽으로 빠르게 날아오게 된다. 그럼에도 상대적으로 가까운 데다가(L1, L2), 행성 간의 관계를 일정하게 유지할 수 있다는 장점 때문에 애용되고 있는 모습이다.

우주에 닻을 내리는 방법 II
L4, L5

앞서 L4와 L5는 모든 방향으로 불안정함에도 불구하고 '특별한 힘'의 도움을 받아 '어느 정도 안정하다'는 말을 했었다. 여기서 특별한 힘이란 '코리올리 힘Coriolis force'을 말하는데, 원심력처럼 회전하는 공간에서 경험할 수 있는 힘이다. 코리올

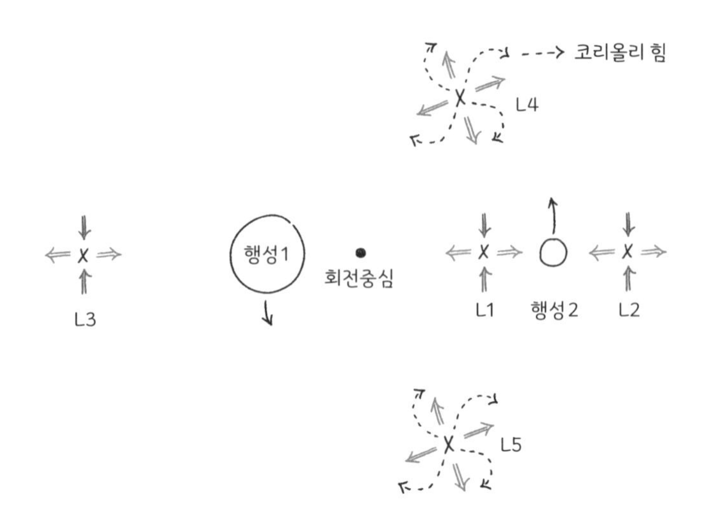

L4와 L5는 코리올리 힘 덕분에 '어느 정도 안정'한 장소가 되었다.

리 힘은 '전향력'이라고도 알려져 있다. 지구에서 대포를 쐈더니 웬걸 그 궤적이 조금 휘었다는데, 코리올리 힘이 대포알의 궤적을 휘게 만든 장본인이다.

코리올리 힘은 위의 그림에서 볼 수 있듯이 시계 방향으로(공전 방향—그림에서는 반시계—의 반대 방향) 회오리치는 움직임을 만들어낸다. 앞서 L4와 L5의 불안정이 충분히 완만함을 이야기했었다. 때문에 L4와 L5에 놓인 물체는 코리올리 힘을 유의미하게 받을 수 있었고, 균형점을 벗어날지언정 그렇다고 아주 멀리 도망가지도 않으며 균형점을 맴도는 독특한 상태를 만들어내게 된다.

모든 라그랑주 점 중에서 L4와 L5만이 자연적으로 어느 정도 안정한 상태를 유지하기 때문에, L4와 L5에 머무는 자연의 천체가 발견되기도 했다. 대표적으로 지구-달 L4, L5에 위치한 코르딜레프스키 구름Kordylewski cloud이 있다. 우주먼지로 이루어진 이 희미한 구름이 언제부터 지구-달 L4, L5에 갇혀 있었는지는 알 수 없다. 비슷하게 태양-목성 L4와 L5에는 목성 트로이군Trojan이라는 2000개 가까운 소행성들의 무리가 있다. 지구-달의 먼지에 비하면 훨씬 살벌하고 묵직한 덩어리들이 갇혀 있는 셈이다.

이제 우주여행도 가능하고, 중간에 쉬었다 갈 수 있는 휴게소의 위치도 알게 되었다. 발판도, 부두도 없이 허공에 떠 있는 공간에서도 원하는 곳을 향해 항해할 수 있는 방법을 찾아내는 과정을 보면 인간의 잔머리는 어디까지일지 감탄하게 된다. 하늘을 떠나 우주에서의 여행 이야기를 짧게나마 다루었으니, 이제 다시 지구로 돌아올 차례다.

전지적 공대생 시점 TMI

어떤 것이 '안정'하다고 말하기 위해서는 균형점으로 되돌아가 머물 수 있어야 한다. 하지만 L4나 L5의 경우 균형점 주변을 맴돌 뿐 균형점으로 돌아가려는 성질은 없기 때문에 '어느 정도 안정하다'라는 모호한 표현을 썼다.

PART 3
비상

날기 위해서
우리가 해결해온
과제들

⑫ 아무것도 없는 하늘에서 상하좌우 구분하기

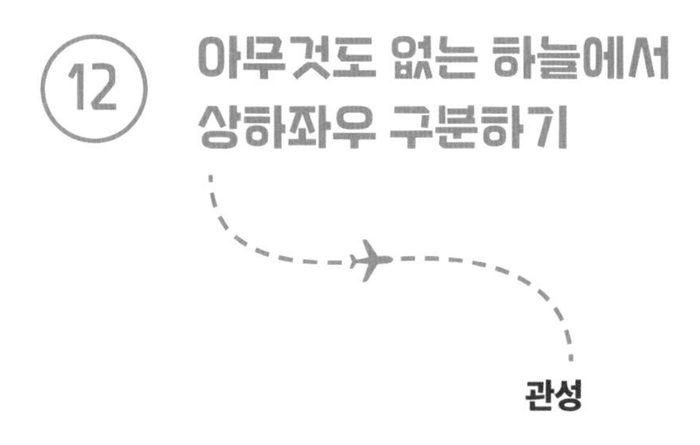

관성

팽이가 빙글빙글 돈다. 그런데 혹시 아셨는지. 이 팽이가 인간이 망망대해에서 길을 찾도록 해주고 달까지 가는 길을 안내해준 존재라는 것을. 그렇다면 팽이는 비행기와 도대체 무슨 상관이 있길래 갑자기 등장한 것일까?

여긴 어디? 나는 누구?
항법의 출발점

인류가 땅을 벗어나 여행을 하기 시작했을 때 마주친 몹시 어려운 문제가 있었다. 내가 어디에 있는지 도통 모르겠다는 것. 이 문제를 처음 마주한 사람들은 아마 뱃사공이었을 것이다. 망망대해에 떠 있으면 보이는 것이라곤 낮엔 푸른 하늘과 구름, 밤엔 깜깜한 하늘의 별들일 뿐이니 말이다. 별자리와 나침반을 이용해 방향을 찾는 법을 발견하기 전까지 사람들은 육지가 보이는 거리의 근해까지만 나아갔다고 한다.

하늘을 날기 시작하니 문제는 더 어려워졌다. 배를 탈 때처럼 '어디'에 있는지 모르는 것은 당연하고 일단 내 자세가 어떤지부터 알 수 없었다. 이 말인즉, 내가 동쪽을 보는지 서쪽을 보는지, 좌우로 기울어졌는지, 위를 보는지 아래를 보는지, 아예 뒤집힌 것은 아닌지 구별할 수 없다는 의미다. 특히 잠깐이라도 구름 속으로 들어가 시야가 가려지기라도 하면 땅이 어느 방향에 존재하는지도 전혀 파악할 수 없었다.

현재 자신이 처한 상태를 정확히 파악하는 것은 바다와 하늘을 여행하기 위한 첫 번째 필요조건이다. 이처럼 자신의 위치, 속도, 자세 등을 정확히 파악하는 것을 항법navigation이라고 한다. 바다를 항해하는 것은 2차원 공간을 움직이는 셈이라 방향을 결정하는 것이 항법의 핵심이었다. 하지만 비행은 3차원 공간에 두둥실 떠 있는 것이다 보니 바다와는 달리 취할 수 있는 자세가 훨씬 더 다양해졌고 그만큼 상태를 파악하기도 어려웠다. 자신의 자세를 잘 아는 것은 하늘을 날기 위한 항법의 출발점이나 다름없다.

그런데 자세를 아는 게 왜 어려운 일일까? 우리는 늘 우리

야간 비행 중 기울어진 비행기. 비행기는 어떻게 자신의 자세를 알까?

몸의 자세를 잘 아는 것 같은데 말이다. 사람은 훌륭한 자세 감지기인 전정기관을 갖고 태어난다. 전정기관은 3개의 작은 고리관으로 이루어져 있는데, 각각의 관 안에는 작은 돌멩이(이석)가 굴러다닌다. 우리가 머리를 기울이면 이 돌멩이들은 중력에 이끌려 땅에 가까운 쪽으로 굴러 내려가고, 전정기관은 이를 감지해 머리가 얼마나 기울었는지를 감지해낸다. 전정기관이 알려주는 자세 파악의 핵심 팁은 중력을 사용하는 것이다. 중력은 늘 땅을 향하고 있으니, 중력의 방향 대비 얼마나 기울었는지를 알면 자세를 알게 되는 원리다.

하지만 안타깝게도 우리의 훌륭한 자세 감지 메커니즘은 하늘을 나는 순간 무용지물이 된다. 앞서 비행기가 다양한 자세로 하늘을 누비기 시작하면 우리는 관성에 의해 다양한 힘의 영향을 받는다고 말했다. 전정기관은 신체가 경험하는 이 힘이 중력에 의한 것인지, 다른 움직임에 의해 발생하는 것인지 전혀 구분하지 못한다. 그 결과 뒤집힌 상태에서도 똑바로 서 있다거나, 가만히 있는데도 돌고 있다는 착각에 빠지게 된다. 중력에 적응한 인간의 한계인 셈이다.

하늘에 뜨는 것까지는 어찌어찌 성공했다 하더라도, 비행을 위해 자세를 파악하는 것부터 쉽지 않다. 자유롭게 하늘을 누비면서도 날씨와 관계없이 내 자세 하나는 딱 알아낼 수 있는 방법이 없을까? 항상 일정한 상태를 유지해서 나의 자세를 가늠하는 데 참조할 대상이 있으면 좋을 텐데. 마치 지평선이나 곧게 솟은 막대기같이 말이다.

전지적 공대생 시점 TMI

지구의 중력에 적응하며 진화해온 인간의 전정기관은 하늘에서는 오히려 위험 요소가 되기도 한다. 기존의 자세 감각이 비행기를 탄 후에는 다양한 착각을 불러일으키기 때문이다. 그러므로 조종사들은 시각적인 정보에 크게 의존하곤 하는데, 야간 비행이나 악천후 같은 이유로 시각적인 정보가 부족한 환경에서 비행하면 자세 감각의 착각으로 비행기의 자세를 잘못 판단하는 일이 발생한다. 수많은 항공사고의 원인이 되어온 이 현상을 공간정위상실spatial disorientation이라고 부른다. 이를 극복하기 위해 조종사는 자신의 감각보다는 계기計器를 따르도록 훈련받는다.

팽이는 넘어지지 않는다
회전 관성

팽이는 열심히 도는 한 넘어지지 않는다. 그런데 이 현상은 생각보다 더 심오한 원리를 담고 있다. 팽이가 넘어지지 않는 것은 현재 회전하고 있는 자세를 유지하려는 성질이 있기 때문이다. 그러므로 한번 회전하기 시작한 팽이는 이 세상 어디에 내놓더라도 최초의 회전 방향을 유지한다. 즉 팽이가 놓인 땅이 기울어도, 지구 밖 우주 공간에 놓여도, 외부에서 강제로 힘을 가하지 않는 한 팽이의 회전 상태는 유지된다. 이 조그마한 팽이가 단순히 땅에서만 넘어지지 않는 게 아니라 우주 어디에 내놓아도 자세를 고집하는 엄청난 뚝심의 소유자인 것이다.

회전하는 물체가 기존의 회전 상태를 유지하려는 성질을 회전 관성rotational inertia이라고 부른다. 관성은 물체가 자신의 상태를 유지하려는 성질을 의미한다. 따라서 특별히 어떤 힘이 가해지지 않는다면 앞으로 움직이던 물체는 계속 전진하고, 가만히 있던 물체는 계속 정지해 있는다. 관성은 회전하는 움직임 자체에도 적용된다. 회전하는 물체는 회전 상태, 정확히는 회전축의 방향과 회전 속도를 유지하게 된다. 그리고 회전 관성의 세기는 회전하는 물체의 무게가 무거울수록, 물체의

팽이는 늘 같은 자세를 유지한다. 그렇다면 비행기의 자세를 알아내는 데도 쓸 수 있지 않을까?

반지름이 클수록, 회전 속도가 빠를수록 더욱 강해진다. 간단히 말해 무거우면서도 빠르게 도는 넓은 팽이일수록 회전 관성이 강해진다는 뜻이다. 회전 관성이 강해지면 외부의 방해에도 더욱 뚝심 있게 원래의 자세를 유지하게 된다.

이제 팽이의 위대한 성질을 이용해 공중에서 자세를 파악하는 문제도 해결이 가능할 것 같다! 지상에서 열심히 회전시킨 팽이를 비행기에 싣는 상상을 해보자. 팽이가 비행기 안에

전지적 공대생 시점 TMI

흔히 관성의 법칙이라 하면 일직선으로 움직이거나 가만히 있는 물체에 적용되는 것이라고 생각하기 쉽다. 하지만 회전 관성 역시 정확히 우리가 알고 있는 관성의 법칙으로 설명되는 현상이다. 다만 왜 회전하는 물체가 회전축의 방향과 회전 속도를 유지하는지를 관성의 법칙으로 설명하는 과정은 책에서 다루기에는 어려움이 있다. 그러니 '회전하는 물체가 회전하는 자세를 유지하는구나!' 하고 넘어가보자.

서 자유롭게 자세를 취할 수 있는 환경만 잘 마련해준다면 팽이는 이륙하기 전의 자세를 언제까지고 유지할 것이다. 비행기가 어떤 자세를 취하든, 날씨가 좋든 안 좋든, 지구에 있든 우주에 있든, 비행기 안에서는 태초의 자세를 유지하는 팽이만 참고하면 지금 비행기의 자세가 어떤지 바로 알 수 있지 않을까?

자세를 알려주는 팽이
자이로스코프

팽이를 비행기에서 사용하려면 장소와 무관하게 자유롭게 회전할 수 있어야 한다. 이를 가능하게 해주는 장비를 자이로스코프gyroscope라고 한다. 자이로스코프는 3차원 회전이 가능한 틀에 팽이를 고정한 모양을 하고 있다. 이제 납작하게 생긴 팽이는 굉장히 빠른 속도로 회전하면서 자신의 자세를 고집하기 시작한다. 비행기의 자세가 바뀌면 팽이가 고정된 틀의 관절이 움직이게 되고, 이 관절이 돌아간 정도를 파악하면 역으로 비행기의 자세를 알 수 있게 된다.

팽이를 수직으로 세워둔다면 비행기가 기수機首를 얼마나 틀었는지, 좌우로 얼마나 기울었는지를 파악할 수 있다. 실제로 비행기의 자세를 알려주는 계기인 자세계는 빠르게 회전

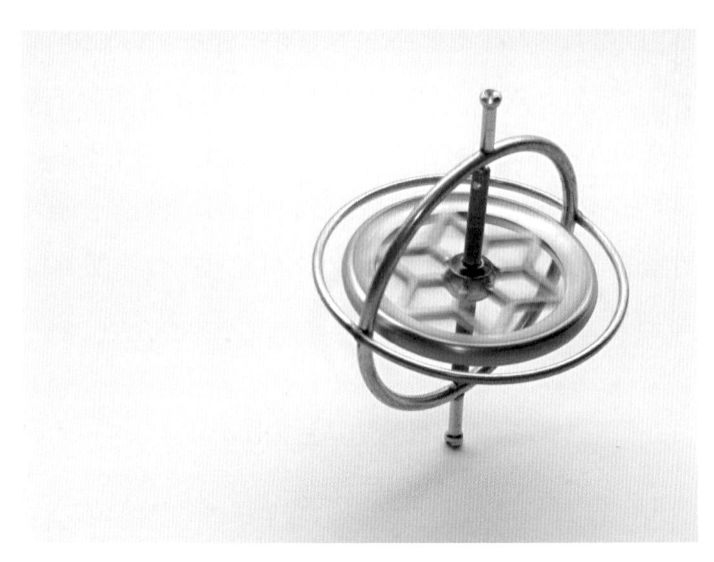

자이로스코프는 그리스어로 '회전'이라는 의미의 'Gyro'와 '본다'는 의미의 'Skopein'의 합성어로 '회전을 본다'라는 의미를 가지고 있다. 팽이의 회전이 어떠한 방향으로도 일어날 수 있다.

하는 수직 팽이를 장착한 자이로스코프를 사용해 만들어졌다. 그렇다면 팽이를 수평으로 눕히면 어떨까? 수직으로 세웠을 때와는 달리 이번엔 팽이가 나침반의 역할을 할 수 있게 된다.

비행기의 기수가 위를 바라보는 각도, 좌우로 기울어진 각도, 비행기의 진행 방향. 이 셋을 이르는 용어가 있다. 기수의 위아래 자세는 피치각pitch angle, 좌우 기울어짐 자세는 롤각roll angle, 기체의 진행 방위는 요각yaw angle이라고 부른다. 이 이름들은 비행기뿐만 아니라 자동차, 열차, 선박 등 움직이는 모든 교통수단에 통용되므로 알아두면 '자세' 이야기를 할 때 요긴하다!

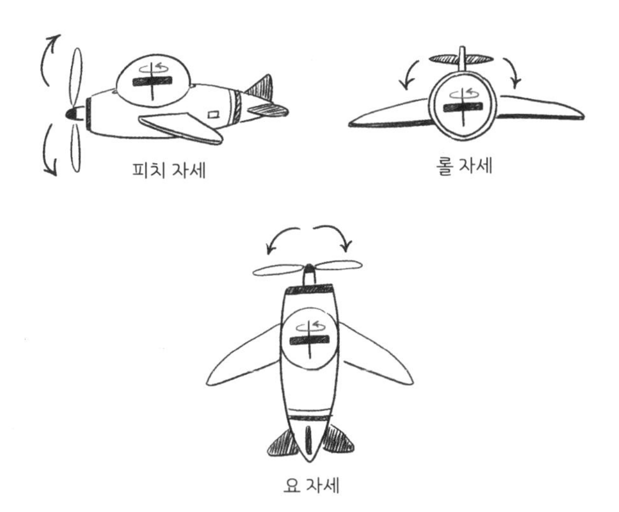

수직축으로 서 있는 팽이(피치 자세, 롤 자세)**와 수평축으로 누워 있는 팽이**(요 자세)**. 팽이 2개면 비행기의 모든 자세를 파악할 수 있다.**

회전축이 비행기와 수평으로 맞춰져 있으므로 비행 방향이 바뀌는 것을 누운 팽이로 인지할 수 있는 것이다. 이제 날씨나 비행기의 기동과 상관없이, 하늘에 떠 있는 비행기의 모든 자세 정보를 파악할 수 있게 되었다. 팽이 2개가 비행을 위한 출발선에 우리를 데려다준 셈이다.

자이로스코프를 통해 인지한 자세 정보는 조종실의 계기판에 표시된다. 자세를 나타내는 계기인 자세계를 통해 표시되는데, 자세계는 사람이 알아보기 쉽게 가상의 하늘과 땅을 상

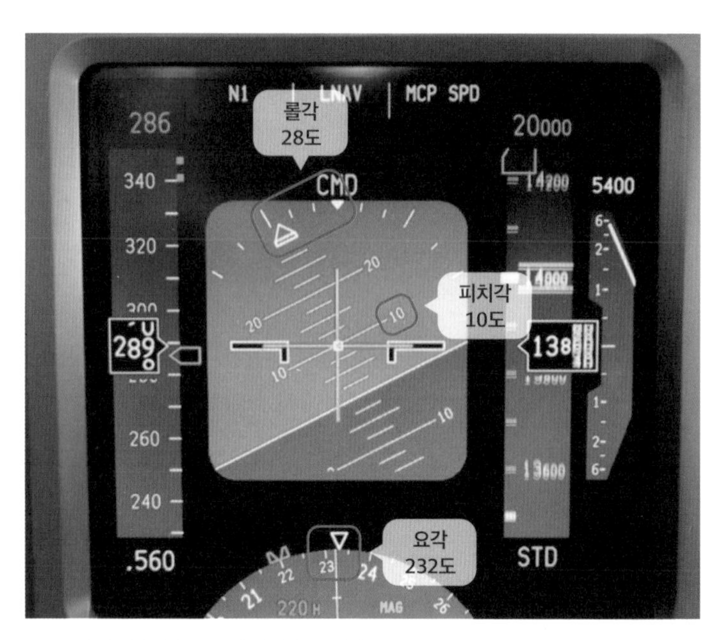

상승하면서 우선회 중인 비행기의 계기 화면.

징하는 푸른 영역과 갈색 영역으로 이루어져 있다. 가운데에는 비행기가 바라보는 방향과 날개를 상징하는 표식이 있다. 이제 자이로스코프의 정보에 따라 비행기와 가상 지평선 사이의 관계가 변하면서 조종사는 비행기의 자세를 가늠할 수 있게 된다.

실제 사진을 보면서 자세가 어떻게 나타나는지 살펴보자. 위는 비행기의 자세가 나타난 계기 화면 사진이다. 계기를 보면 비행기는 약 10도 정도 위를 바라본 상태(피치각 10도)로 오른쪽으로 28도 정도 기울어져(롤각 28도) 있다. 그리고 계기 아래에 비행기의 방향도 약 232도(요각 232도)를 가리키고 있다. 칠흑 같은 밤하늘이든, 구름이 짙든, 안개가 끼어 바다와 하늘이 구별되지 않든, 조종사는 언제든 계기의 맑고 분명한 지평선을 참고할 수 있게 되었다. 고집 센 팽이와 비행기의 자세 차이가 계기상에 가상 지평선의 형태로 나타나며 자세를 알려주는 것이다.

팽이의 회전 관성은 장소를 가리지 않기 때문에 우주에서도 유효하다. 지구에서 한번 정렬을 마친 자이로스코프는 우주에 나가서도 태초의 회전을 유지하는데, 실제로 자이로스코프는 아폴로 우주선이 달에 다녀오는 동안 길잡이 역할을 한 이력이 있다. 자이로스코프는 '망망대우주'에서 우주선이 제대로 된 자세를 잡았는지, 계획된 경로에서 얼마나 벗어났는지 등을 정확하게 측정하는 데 일조하며 당시 아폴로 우주선 비행 제어장치의 심장 역할을 맡았다고 한다.

물론 자이로스코프도 완벽한 것은 아니다. 팽이를 기계적으로 회전시키는 방식인 만큼 팽이와 자이로스코프 구조물 사이에 약간의 마찰이 생길 수밖에 없다. 마찰이 발생시킨 오차가 시간이 지남에 따라 누적되면 고질적인 문제가 생기므로 주기적으로 보정해주지 않으면 정보는 점차 부정확해진다. 게다가 큰 회전 관성을 유지하기 위해 무거운 회전자(팽이)를 사용하다 보니 무게가 많이 나가는 것도 문제였다. 그래서 오늘날에는 전자 소자를 사용해 더 작고 가볍고 더 정밀한 자이로스코프가 개발되어 '팽이'식 자이로스코프를 대체하고 있다. 팽이와 비행기 자세에 대한 이야기는 매번 신기한 주제다. 아무것도 보이지 않는 허공에서도 갈피를 잡을 수 있을 것이라 누가 생각이나 했을까? 빙글빙글 도는 팽이가 달까지 가는 길을 안내할 것이라고는 더더욱!

13 나는 도대체 어디쯤 있는 걸까?

관성항법장치

우리는 어디에 있을까? 무슨 대륙에, 어느 국가에, 어떤 도시에 위치해 있을까? 이 질문은 오늘날의 우리에겐 너무나도 쉬운 것이다. 스마트폰을 꺼내 지도 어플리케이션만 작동시키면 내 위치를 정확히 파악할 수 있기 때문이다. 지구상 대부분의 장소에서 수 미터 이내의 오차로 위치를 파악할 수 있는 GPS 덕분에 가능해진 일이다.

하지만 위치를 알아내는 문제는 GPS를 일상적으로 사용하기 전에는 결코 쉬운 일이 아니었다. 앞선 장에서 이야기했듯이, 바다와 하늘을 여행하기 위한 첫 번째 필요조건은 나의 상태를 아는 것이다. 팽이의 회전 관성을 이용해 공중에서 나의 자세를 아는 단계까지 왔으니 이제 우리가 궁금해했던 원래 문제로 돌아가보자. 우리는 우리가 어디에 있는지 어떻게 알 수 있을까? 어떻게 비행기는 길을 잃지 않고 10시간씩 날아 대양 너머로 여행할 수 있게 된 걸까?

너의 위치를 알라
그런데 눈은 가리고

그나마 근처에 참조할 만한 지표가 있는 경우엔 "내가 저기 근처에 있구나…"라고 생각하며 위치를 파악해볼 수도 있다. 길을 걷다 핸드폰이 꺼져도 우리 동네에 있는 가장 높은 건물을 향해 걸으면 적어도 동네 근처까지는 갈 수 있는 것처럼 말이다. 과거 유럽 선원들은 남아프리카 희망봉을 바라보며 드디어 아프리카의 최남단에 도달했음을 깨닫고 고향으로 돌아갈 생각에 들떴다고 한다. 지형지물을 참조해 현재 위치를 파악하는 방식이 예전부터 중요하게 사용되어왔다는 것을 짐작해볼 수 있는 대목이다.

지형지물로 위치를 파악하는 방법은 하늘에서도 통한다. 실제로 오늘날에도 산맥이나 강줄기를 비행에 이용하는 방식이 사용되고 있다. 이를 '시계視界 비행'이라고 하는데 비행술의 기본으로 여겨진다. 더불어 눈으로 지형지물을 파악하는 것 말고도 지상에 고정된 지상국으로부터 전파를 사용해 방향과

거리를 측정함으로써 위치를 파악하는 방식은 여객기와 관제탑에서 지금도 사용되고 있다.

그런데 진짜 문제는 지형지물을 참조할 수 없을 때 발생한다. 망망대해 한가운데 있거나, 구름이 잔뜩 낀 하늘에 갇히거나, 나아가 우주 한복판에 떠 있다면, 우리는 이곳이 어딘지 알 길이 없을 것이다. 그래서일까? 옛날 옛적 초기의 항해는 육지가 먼발치에서나마 보이는 근해로 한정되곤 했다. 위치 파악이 어려운 먼바다로 나서는 건 쉽지 않은 일이었다. 이 문제를 해결하기 위해 별자리를 보고 위치를 파악하는 방법이 고안됐지만, 이마저도 청명한 밤에만 쓸 수 있다는 한계가 있었다.

비행도 사정은 비슷하다. 시계 비행에 의존하던 초기의 비행은 지형지물이 보이는 맑은 날에만 가능했다. 훗날 전파를 이용한 장비가 개발된 후에도 지상국의 신호가 닿지 않는 먼

전지적 공대생 시점 TMI

외부 장치나 환경에 의존하지 않고 스스로 위치를 파악하는 방법을 '독립 항법Independent navigation'이라고 부른다. 말은 참 간단하지만, 참조물 없이 위치를 파악하라는 것은 눈 가리고 어딘지 맞혀보라는 말과 다를 바가 없다. 이게 가당키나 한 말인가! 문득 영화의 한 장면이 떠오른다. 눈이 가려진 채 납치된 첩보요원이 침착하게 차의 움직임을 파악해 적의 위치를 알리고 임무를 완수하는 그런 장면.

먼바다에서는 지상국의 신호를 받을 수 없다.

바다에서는 무용지물이었다. 이제 해결해야 할 문제가 명확해졌다! 비행기가 대양을 건너 나아가기 위해서는 바다 한가운데서도 위치를 알 수 있는 기술이 필요하다. 특히 날씨와 밤낮에 상관없이, 거기에 아무런 외부 참조물 없이 위치를 파악할 수 있어야 한다. 어떻게 하면 외부의 도움 없이 스스로 위치를 파악할 수 있을까?

영화 속 스파이처럼 문제 해결 '추측 항법'

영화 제목은 기억나지 않지만, 납치된 스파이가 침착하게 문제를 해결하는 장면을 어디선가 본 적이 있다. 스파이는 눈이 가려진 상태로 승합차에 실려 어디론가 끌려갔다. 그는 위치를 파악하기 위해 "방지턱 2개… 우회전… 좌회전… 다시

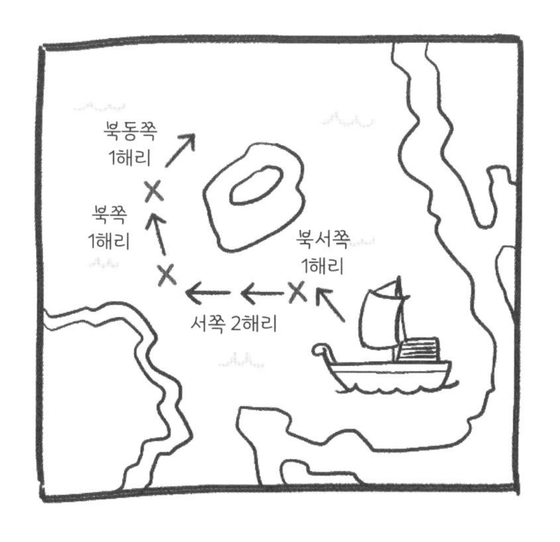

추측 항법. 방향과 속도, 그리고 시간을 이용해 대략적인 위치를 계산했다.

방지턱 하나… 유턴…"이라며 차분히 읊조린다. 그리고 감시가 허술한 틈을 타 동료에게 자신이 있는 곳의 위치를 알리고 멋지게 구출된다.

영화 속 스파이는 자동차에 갇혀 아무것도 보지 못한 상태에서도 자신이 끌려간 장소가 어딘지 파악했다. 우리가 원했던 딱 그 능력 아닌가! 스파이가 위치를 파악할 수 있었던 핵심은 자신이 차 안에서 느낀 '힘'들을 '기억'했다는 데 있다. 방지턱을 넘을 때 나타나는 꿀렁거림으로 대략적인 거리를 계산하고(몇 블록이나 이동했는지), 우회전과 좌회전을 할 때 몸의 쏠림으로 이동 방향을 알아냈다. 그리고 이 정보를 자신이 납

치당했던 출발점에서부터 순서대로 적용해 현재의 위치를 추정했다. 스파이가 느낀 힘은 바깥 풍경과는 아무런 관련이 없으니 외부 풍경을 참조하지 않고 자신의 위치를 알아낸 것이라 볼 수 있다.

물체의 움직임을 추정한다는 것은 곧 (1) 어느 방향으로 (2) 얼마나 빠르게 (3) 얼마나 오랫동안 이동하는지 알아내는 것을 의미한다. 이 셋을 알면 어느 방향으로 얼마나 멀리 갔는지를 알 수 있으므로 현재 위치를 추정해볼 수 있다. 예를 들어 북서쪽으로 10km/h로 2시간 동안 움직였다면, 출발점에서 북서쪽으로 20km 지점이라고 말할 수 있는 것처럼 말이다. 이렇게 방향과 빠르기를 기록해 위치를 추정하는 방법을 추측 항법dead reckoning이라고 한다. 실제로 추측 항법은 오래전 항해술에서도 사용되었는데, 나침반을 통해 방향을 알고 배의 속도를 측정해 현재 위치를 예상했다.

전지적 공대생 시점 TMI

선박과 항공기에서 사용하는 속도 단위인 노트knot는 추측 항법을 위해 배의 속도를 측정하는 과정에서 유래했다. 노트는 영어로 '매듭'이라는 의미를 갖고 있다. 16세기경에는 배의 속도를 측정할 때 일정한 간격으로 매듭을 묶은 줄을 배 뒤로 드리웠다. 그리고 일정 시간 동안 떠내려간 매듭(노트)의 개수를 세서 배의 속도를 측정했다고 한다. 이때 시작된 노트 단위는 지금까지 이어져 사용되고 있으며 1노트의 속도로 1시간 동안 이동한 거리를 1해리(약 1.8km)라고 한다.

여기서 스파이의 지혜를 비행기에 적용해보면, 비행기에서 느껴지는 힘을 통해 비행기의 빠르기와 이동 방향의 변화를 추적할 수 있다. 모든 물체는 그 움직임을 유지하려는 관성이 있다. 따라서 비행기의 속도가 바뀌게 되면 그 안에서는 그에 따른 힘(관성력. 9장 G-포스 참조)을 느낄 수 있다. 차가 가속하면 몸이 뒤로 쏠리고, 급정거하면 앞으로 쏠린다. 비행기가 이륙하면 몸이 아래로 눌리고 자동차가 우회전하면 몸이 왼쪽으로 쏠리는 것 모두 속도의 변화를 힘으로 느끼는 것이다.

속도가 변하는 정도와 우리가 느끼는 힘의 크기는 비례한다(브레이크를 세게 밟을수록 몸이 더 크게 쏠리듯이). 그러므로 힘의 크기와 방향을 정확하게 측정하면 속도가 변하는 정도, 즉 '가속도'를 알아낼 수 있다. 가속도를 알아냈다면 다 된 셈이다! 마지막으로 알고 있던 속도에서 앞서 구한 가속도를 더하면 현재의 속도를 계산하는 것이 가능하다. 그리고 이 속도를 이용해 옛날부터 이어져온 유서 깊은 추측 항법을 이용해 우리가 어디에 있는지 스스로 알아낼 수 있다!

알뜰살뜰 관성 활용하기
관성항법장치

우리가 느끼는 힘은 가속도에 비례한다. 그러므로 우리가 느끼는 힘을 측정하면 가속도를 알아낼 수 있다. 가속도를 꼼꼼하게 기록하면 지금의 속도를 알 수 있고, 기록된 속도를 통해 우리가 어디에 있는지도 알아낼 수 있다. 이 모든 이론적 과정을 기술로 실현시키는 신기한 장치가 비행기에 장착되어 있으니, 바로 관성항법장치inertial navigation system 되시겠다! 이름부터 멋진 이 관성항법장치가 어떻게 우리에게 필요한 정보를 제공해주는지 알아보자. 조금 복잡할 수 있지만, 관성이라는 원리가 얼마나 알차게 활용되고 있는지 느끼게 될 것이다!

비행기는 3차원 공간을 돌아다니기 때문에 정확한 가속도를 측정하려면 비행기의 앞뒤, 좌우, 상하 세 방향으로 가속도를 측정해야 한다. 이를 위해 관성항법장치는 3개의 가속도 센서를 사용해 각 방향에 해당하는 가속도를 측정한다. 하지만 아쉽게도 이렇게 측정한 값은 바로 활용할 수 없다. 비행기 안에서 측정된 값인 만큼 지구의 방위가 아닌, 비행기의 자세에 맞춰진 값이기 때문이다. 그러므로 지구상의 위치를 알아내기에 유용한 위도(동-서 방향), 경도(남-북 방향), 고도(높낮이 방향) 방향으로의 가속도를 계산하기 위해서는 먼저 비행기의 자세를 알아야 한다. 즉 관성항법장치는 가속도뿐만 아니라 비행기의 자세까지 알아야 위치를 추정할 수 있다!

이번 이야기의 주제인 '위치 파악하기'는 비행기의 자세 파악에서부터 시작된 긴 서사의 종점이다. 비행기는 회전 관성

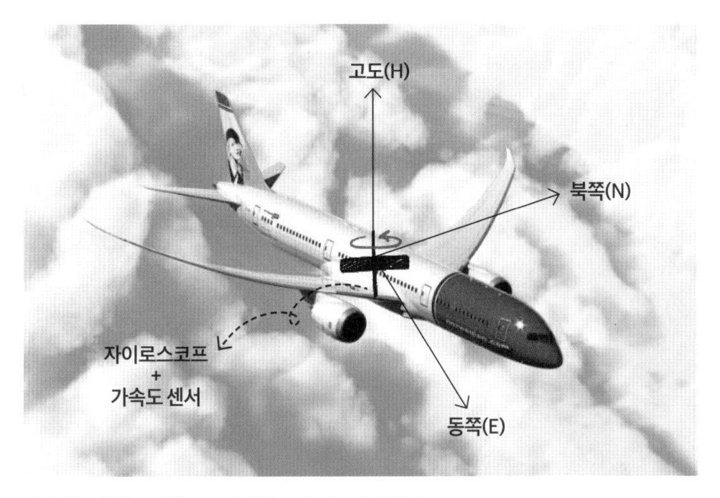

관성항법장치는 비행기의 자세와 가속도를 측정한다.

의 원리를 이용하는 '자이로스코프'라는 팽이로 비행기의 자세를 파악하고, 가속도 센서를 이용해 관성으로 인해 발생하는 가속도를 측정한다. 그다음 측정된 가속도를 비행기의 자세 정보에 따라 동서-남북-높낮이 방향으로 정렬한다. 이제 각 방향으로의 가속도 정보로 현재 속도를 계산하고, 마지막으로 추측 항법을 적용해 비행기의 위치를 계산하게 된다.

관성항법장치는 비행기의 운동에서 감지되는 힘(관성)과 팽이의 성질(회전 관성)을 알차게 이용해 비행기의 자세와 위치 정보를 모두 제공하는 요긴한 도구가 되었다. 한 줄기 빛도 없는 밤하늘에서도 관성항법장치 하나로 비행이 가능해졌다니, 오늘날 비행기가 하늘을 날 수 있도록 해주는 어쩌면 마법 같은 장치가 아닐까?

서로의 오차를 보정하는 INS와 GPS

관성항법장치(INS)는 비행기 내부에서 자체적으로 작동하는 장치인 만큼 계산이 무척 빠르다. 통상적으로 여객기의 INS는 1초에 100번가량 위치를 계산해낸다고 하니, 실시간으로 위치 정보를 제공하는 능력이 있는 셈이다. 덕분에 통신 상태가 불안정한 환경에서 비행하거나, 신속한 위치 파악이 필요한 우주선과 미사일 등에도 유용하게 활용된다.

하지만 독립적으로 작동하는 특성 때문에 발생하는 단점도 있다. 바로 시간이 흐를수록 INS가 내놓는 위치 정보가 점점 부정확해진다는 점이다. 과거에 추정한 정보 위에 또 다른 추정을 이어나가는 방식이다 보니 매번 발생하는 약간의 오차가 점점 쌓여 오차가 커지는 것이다(관성항법장치가 위치를 '측정measure' 한다고 표현하지 않고 '추정estimate'한다고 표현하는 데에는 이런 이유가 있다). 현대 여객기에 사용되는 INS도 시간당 약 0.6해리(1.1km)의 위치 오차가 발생한다고 하니, INS에 의지하는 시간이 길어질수록 정보의 신뢰도가 떨어진다는 건 큰 문제다. 그런데 이때, INS의 빈틈을 메워주는 든든한 지원군이 등장한다. 우리가 어제도 쓰고 오늘도 쓰고 있는 바로 그 유명한 GPS 되시겠다!

GPS는 인공위성의 신호를 받아 지구상의 위치를 파악하는 장치다. INS처럼 외딴곳에서도 위치를 알아낼 수 있다는 장점이 있지만, 조금은 부족한 면도 있는 친구다. GPS는 위성과의 통신 상태에 민감하다 보니 언제든 신호가 끊길 위험이 있고 날씨에도 영향을 받는다. 이런 단점 때문에 GPS만 믿고 먼바다로 나서기에는 사실상 무리가 있다. 대신 GPS는 시간의 경과와 무관하게 일정한 정확도로 위치를 제공해주는 장점을 갖고 있다. 따라서 GPS는 INS가 열심히 위치를 파악하는 중간중간 INS를 찾아와 "너 이만큼 틀렸어"라며 오차를 보정해주는 역할을 맡는다. 이렇게 INS의 유일한 단점인 오차 문제를 GPS가 해결해줌으로써 GPS-INS는 지구상 어디에서도 정확한 위치를 실시간으로 알려주는 찰떡 콤비로 자리매김하게 된다.

인간은 하늘을 날아본 적이 없다. 그러므로 인간의 감각만으로는 공중에서 자세를 알 수도 없고, 어떻게 원하는 방향으로 나아갈지도 갈피를 잡기 힘들다. 결국 잠깐이라도 시야가 가려지면 인간은 하늘에서 길을 잃기 십상이다. 이를 극복하기 위해 인간은 밖을 보지 않고도 상황을 파악하는 방법을 찾기 위해 고민했고, 관성의 원리를 이해해 관성항법장치를 개발했다. 이제 우리는 구름이 잔뜩 낀 하늘도, 달까지 숨어버린 새까만 밤바다의 하늘도 안심하고 건널 수 있게 되었다.

14 승객, 조종사, 비행기의 각기 다른 속도

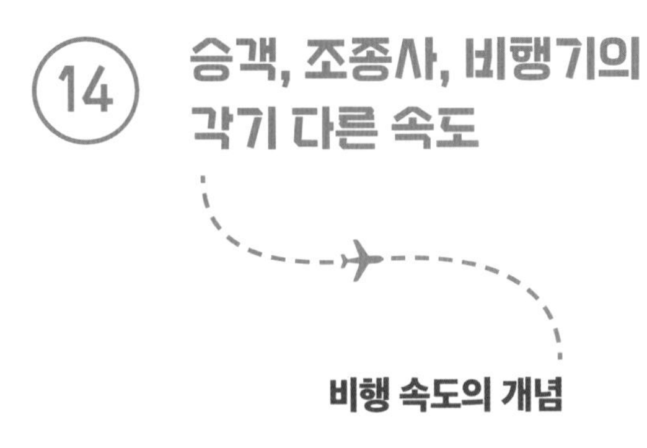

비행 속도의 개념

설렘으로 가득한 해외여행에는 한 가지 견뎌야 하는 것이 있으니, 그것은 바로 비행기 안에서 보내는 길고 지루한 시간일 것이다(비행 시간이 길수록 더 설레는 해외여행일 가능성이 높겠다). 영화 몇 편 보고, 몇 번씩 쪽잠을 자면서 좀처럼 흐르지 않는 시간을 원망하게 된다. 인간의 상실 심리 5단계 중 마지막 단계가 상황을 받아들이는(해탈하는) 것이라던가. "시간이 제 속도대로 흐르겠다는데 어쩌겠냐"라는 마음으로 현실을 수긍하며 좌석 앞의 화면을 하염없이 바라보기 시작한다.

남은 거리를 표시한 숫자를 봐도 얼마나 먼 거리인지 감이 오지 않는다. 무려 수천 킬로미터. 그와 동시에 열심히 바람을 가르고 있을 비행기의 속도도 표시된다. 900km/h는 고속버스의 9배, KTX의 3배, 사람이 걷는 속도의 무려 225배. 실로 엄청난 속도다. '이 정도 속도면 금방 가겠지'라고 넘겨짚으면서도 차마 남은 거리를 비행 속도로 나눠볼 용기는 나지 않는다. 그러나 이쯤에서 지루함과 사투를 벌이는 승객들에게는 조금 놀라운 얘기를 하나 꺼내볼까 한다. 우리가 화면에서 900km/h라고 표시된 속도를 보고 있는 동안 조종실 계기판에 표시되는 속도는 훨씬 느리다는 사실…!

이게 무슨 일일까? 다음 쪽의 조종실 계기판 사진을 보자. 주계기판의 왼쪽에는 속도, 오른쪽에는 고도가 표시된다. 이 비행기의 속도는 255노트, 고도는 3만 6000피트다. 고도를 보아하니 비행기는 분명 순항 중인 게 맞는데, 속도가 255노트, 470km/h 정도밖에 안 되는 것이다. 아니, 조종사님! 거짓말을 하신 겁니까? "워워. 진정하시고 일단 이야기를 들어보시게. 금방 데려다드릴게."

같은 비행기에 탔는데 조종실과 객실의 속도가 다를 수는 없는 일이다. 아마 조종실과 객실 사이에 어떤 오해가 있던 모양인데, 일단 각자의 상황을 살펴보자. 인천에서 네덜란드 암스테르담까지는 9000km다. 비행기가 이 거리를 날아가는 데 걸리는 시간은 약 10시간 정도. 9000km를 10시간 동안 날아갔으니 비행기의 속도는 대략 900km/h로 객실 화면에 표시되는

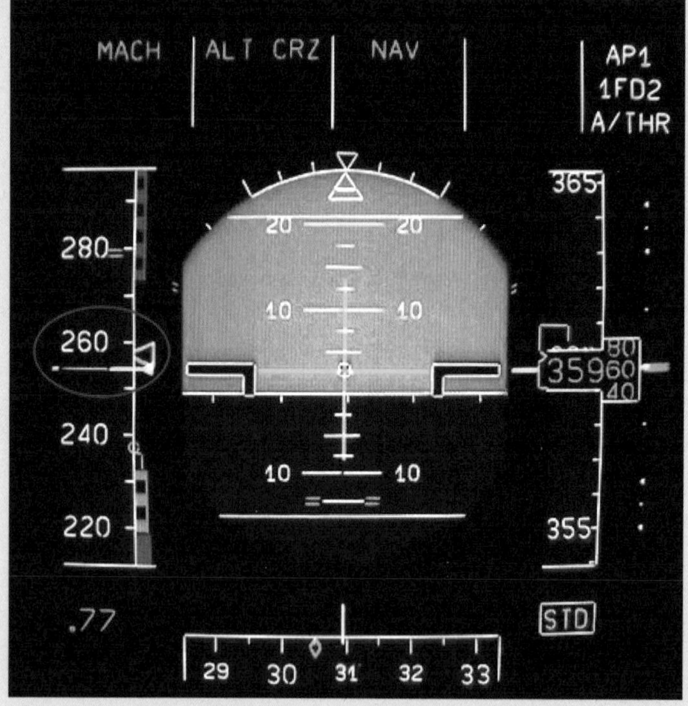

객실에서 보는 비행 현황 정보(위). 순항 중인 여객기의 주계기판(아래). 장거리 순항 시, 우리가 좌석에서 보는 화면에서 900km/h의 속도로 표시되지만, 조종실 계기판에 표시된 속도는 255노트(약 470km/h)에 불과하다.

속도와 비슷하다. 그렇다면 이제 궁금한 건 조종실에서 보이는 속도다. 비행기의 정보를 가장 잘 알아야 하는 사람은 아무래도 조종간을 쥐고 있는 조종사일 텐데, 어째서 이상한 속도계를 사용하는 걸까?

같은 속도, 다른 느낌
속도의 상대성

속도를 이해하기 위해서는 일단 비행기가 날고 있는 하늘의 특징을 잠시 살펴봐야 한다. 보통 비행기는 지상으로부터 약 10km 상공에서 순항한다. 10km는 자동차로 몇 분이면 이동하는 거리지만, 지상에서 10km 떨어진 곳의 하늘은 우리가 숨 쉬고 있는 지표면 근처의 환경과는 많이 다르다. 우선 기온부터 무려 영하 50℃에 기압도 지상의 30~40% 정도밖에 되지 않는다.

하늘을 날아다니는 비행기도 이 달라진 환경에 영향을 받는다. 다행히 비행기는 추위를 타지 않아 온도는 크게 상관이 없지만 문제는 지상의 절반도 채 되지 않는 기압, 즉 공기 밀도다. 공기 밀도는 공기가 얼마나 촘촘히 모여 있는지를 일컫는 말이다. 숟가락을 들고 물에서 휘저어보고, 허공에도 휘둘러보자. 물에서 움직이기가 더 힘들 것이다. 공기의 밀도 차이도 이와 비슷한 맥락으로 이해할 수 있다.

비행기가 하늘을 날 수 있는 근본적인 이유는 비행기 주위로 흐르는 공기 덕분이다. 그러므로 주변 공기가 촘촘할수록(밀도가 높을수록) 비행기를 띄우는 힘인 양력이 잘 발생한다. 그런데 하늘 높이 올라갈수록 공기의 밀도가 줄어든다는 것은 양력이 줄어든다는 것을 의미한다. 그렇다면 이제 낮게 날고 있는 비행기와 높이 날고 있는 똑같은 비행기 두 대를 상상해 보자. 만약 둘 다 같은 속도로 비행하고 있다면 어느 비행기가 더 힘들게 날고 있을까? 그렇다. 바로 높게 나는 비행기다. 낮게 날고 있는 비행기와 같은 속도임에도 공기가 희박하니 양력을 만들어내느라 애를 쓰고 있는 것이다. 두 비행기에게 직접 물어보자. "지금 속도가 어때?" 낮게 나는 비행기는 이렇게 답할 것이다. "충분히 빨라." 높게 나는 비행기는 "어우, 느린 것 같은데?"라고 답한다. 같은 속도로 나는데도 두 비행기가 느끼는 속도감은 다르다.

비행기가 체감하는 속도
인지속도

두 비행기가 같은 속도로 날고 있더라도 하늘의 공기 밀도에 따라 비행기의 성능이 크게 좌우된다는 것을 살펴봤다. 즉

조종실의 주 관심사는 비행기가 '체감'하는 속도다.

우리가 흔히 생각하는 '속도'라는 개념이 비행기의 상태를 정확하게 표현하지 못하고 있는 것이다. 비행기를 조종하는 데에는 비행기가 실질적으로 얼마나 큰 힘을 받고 있는지, 양력은 충분히 만들어내고 있는지 등 비행기의 성능을 대표할 수 있는 정보가 필요하다. 그래서 조종실에서는 비행기가 얼마나 빠르게 움직이는지보다 비행기가 얼마나 빠르게 난다고 '느끼고' 있는지를 더 궁금해한다.

차창 밖으로 손을 내밀어본 기억을 떠올려보자. 자동차가 빠르게 달리면 달릴수록, 바람 때문에 손은 점점 더 강하게 뒤로 밀린다. 비행기도 이와 비슷한 원리로 자신의 속도를 가늠

한다. 비행기는 외부의 공기와 부딪히는 압력을 측정해서 "음, 이 정도로 공기가 날 때리면, 이 정도 속도로 비행하고 있겠군"이라고 '느끼고' 이를 인지속도indicated airspeed로 조종실에 표시한다. 공기가 거세게 비행기를 때릴수록 더 빠르게 난다고 생각하는 것이다. 이처럼 인지속도는 실제 속도가 아닌 공기로부터 느껴지는 '힘'을 표시하는 것으로 비행기의 비행 성능을 잘 대변한다.

비행기가 낮게 날고 있다면, 비행기가 인지하는 속도와 실제 비행 속도는 같다. 지표면 근처의 공기 밀도를 기준으로 설계가 된 것이다 보니, 비행기가 인지하는 것이 곧 실제 비행 속도인 것이다. 여기서 비행기가 서서히 상승한다면 어떻게 될까? 고도가 높아질수록 공기 밀도는 낮아지고, 비행기를 때리는 공기의 힘이 점점 약해질 것이다. 따라서 실제 속도는 일정해도 비행기가 느끼는 속도는 줄어든다.

한편 비행기는 비행 성능과 직결되는 속도인 인지속도를 일정하게 유지하면서 상승한다. 그렇다면 높은 곳으로 올라갈

전지적 공대생 시점 TMI

위에서 말한 '공기와 부딪히며 느끼는 힘'을 동압dynamic pressure이라 부른다. 엄밀하게 말하자면 동압뿐 아니라 주변 공기의 정압static pressure, 온도 등을 측정한 후, 그 유명한 베르누이 공식을 이용해 속도를 산출해낸다. 여기에 여러 보정 작업을 거쳐야 정확한 속도를 알 수 있다.

수록 비행기를 때리는 공기가 줄어드는데도 비행기가 느끼는 속도가 일정하게 유지된다는 것은? 그렇다! 공기가 줄어드는 대신 더 빠르게 공기를 맞게 되는 것, 즉 실제 비행 속도는 계속 빨라지고 있는 것이다!

이제 조종실과 객실 사이의 오해가 어느 정도 풀린 것 같다. 고도가 높아지면 높아질수록, 지상에서의 공기 밀도와 차이가 커지고, 비행기가 느끼는 속도와 실제로 비행하는 속도 사이의 간극 역시 점점 커진다. 우리가 순항 고도에서 900km/h로 비행하고 있어도, 줄어든 공기 밀도 때문에 비행기는 자신이 500km/h 정도로 날고 있다고 '인지'하는 것이다. 그런데 우리가 지금까지 말하면서 아주 중요한 사실 하나를 빼먹었다. '하늘'과 떼려야 뗄 수 없는 존재이자, 비행 속도에 아주 큰 영향을 미치는 바로 그것. 바람이다.

하늘의 무빙워크
바람과 진대기속도

2015년 1월, 뉴욕에서 런던으로 날아가던 영국항공의 비행기가 예정 도착 시간보다 1시간 반 일찍 도착한 사건이 있었다. 이 비행기의 비행 속도는 무려 1200km/h였는데, 이는 소리의 속도인 1080km/h보다 빠른 것이다. 여객기가 음속을 넘

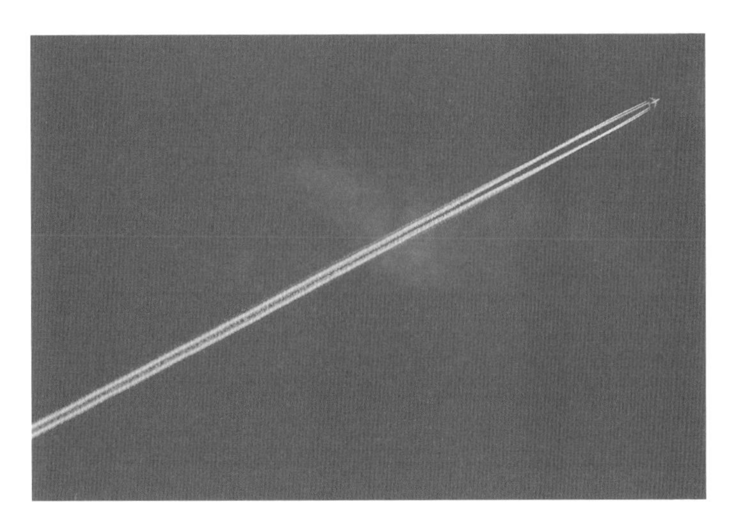

비행기가 공기를 '가르는' 속도, 진대기속도.

을 리도 없는데 무슨 일일까? 사실 이 비행기는 음속을 넘지도 않았고, 무리하게 과속한 것도 아니었다. 다만, 400km/h라는 엄청난 속도로 부는 기류에 올라탔을 뿐!

우리가 말하는 바람은 보통 '기류'라는 말로 표현된다. 이 기류는 하늘의 보이지 않는 무빙워크와 같은 존재다. 여기서 새로운 속도가 하나 등장한다. 무빙워크 위를 움직이는 속도(무빙워크와 우리의 상대속도), 즉 비행기가 바람을 가르는 속도를 '진대기속도true airspeed'라고 한다.

바람이 없는 하늘이라면, 대기속도와 비행기의 지상속도ground speed는 같다. 바람이 없으니 무빙워크가 움직이지 않는 것이고, 정지 상태의 무빙워크 위를 걷는 속도가 곧 밖에서 보는 속도와 같은 것을 떠올리면 된다. 그런데 뒷바람이 분다면 어떻게 될까? 무빙워크가 작동하면서 나를 밀어주는 셈이니, 정지 상태의 무빙워크 위를 걷는 속도에서 무빙워크가 움직이는 속도만큼 빨라진 것처럼 보이게 된다. 비행기의 입장에서 얘기해보자면, 비행기는 뒷바람에 올라타, 실제로 바람을 가르는 속도(진대기속도)보다 더 빠르게 땅 위를 날아가는 것이다!

승객들의 관심사
지상속도

그런데 우리가 지금까지 '실제 속도'라고 말한 것은 무엇일까? 우리가 흔히 말하는 '속도'라는 것은 출발지에서 도착지까지 가는 속도를 의미한다. 어쩌면 당연한 일이다. 우리는 몇 시간 동안 비행기 안에 있어야 하는지가 궁금하니까.

지상을 기준으로 움직이는 속도. 그러니까 땅에 서 있는 사람이 비행기를 봤을 때 느끼는 속도, 혹은 비행기가 땅에 드리우는 그림자가 움직이는 속도를 '지상속도'라고 한다. 승객들이 보는 화면에 뜨는 현재 비행 속도 900km/h는 지상을 기준으로 비행기가 이동하는 속도인 지상속도다. 한글로 '비행 속도'로 뜨는 경우가 많지만, 영어로 'ground speed'라고 표시해주는 항공사가 많으니, 영어의 의미가 좀 더 명확하게 다가온다.

이제 영국항공의 사례가 정확하게 이해될 것이다! 이 비행기의 지상속도는 1200km/h였고, 지상 기준으로 빠르게 움직였기 때문에 예정보다 훨씬 빨리 도착할 수 있었다. 이때 비행기가 운 좋게 올라탔던 기류는 400km/h로 비행기가 실제로 공기를 가르는 진대기속도는 800km/h 정도였다. 다시 말해 음속보다 한참 느리게 날았던 것이다. 게다가 고도가 높아서 비행기가 인지하는 속도는 대략 500km/h 전후였을 테니, 비행기 입장에서는 “음, 난 500km/h 정도로 날았을 뿐인데 사람들이 나보고 음속보다 빨랐다네?”라는 생각이 들었을지도 모르겠다.

비행 고도와 공기저항
비행기가 높이 나는 이유

비행기는 자동차처럼 땅에 붙어서 이동하지 않는다. 대신 그 특성이 시시각각 변하는 ‘하늘’을 날기 때문에 여러 종류의 속도 개념이 생겨나게 되었다. 이제 다 끝났다! 실제 조종실 계기판을 보며 이야기를 정리해보자.

조종사는 인지속도, 지상속도, 진대기속도를 다 알고 있다. 그중 비행에 가장 중요한 인지속도가 주계기판에 표시된다. 지상속도와 진대기속도는 바람의 방향 및 속도와 함께 항법

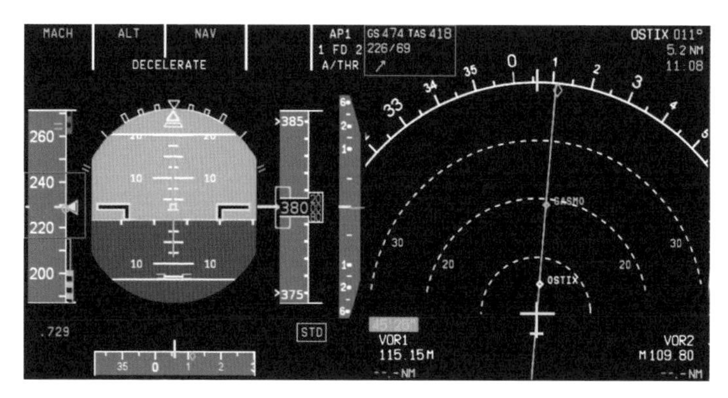

왼쪽은 주계기판, 오른쪽은 항법 화면.

화면 왼쪽 위에 조그맣게 표시된다. 속도 개념을 배운 우리는 이제 각 숫자들의 의미를 안다.

위 계기를 보면 바람을 가르는 속도인 진대기속도는 418노트이고, 바람이 왼쪽 뒤에서 69노트로 불고 있다는 것을 알 수 있다. 뒷바람이므로 비행기가 실제로 지상을 지나가는 속도는 진대기속도보다 빠를 것이라고 짐작할 수 있는데, 실제로 화면에 표시되는 지상속도는 474노트(878km/h)로 진대기속도보다 빠르다. 한편 주계기판 왼쪽에 표시된 인지속도는 혼자 생뚱맞게 230노트(426km/h)다. 객실의 승객들은 900km/h에 가까운 속도를 보지만, 비행기는 고작 426km/h의 속도를 인지하고 있는 상황인 것이다.

비행기의 속도를 이해하면, 왜 비행기가 굳이 하늘 높이까지 올라가서 비행하는지도 알 수 있다. 비행기가 최대한 견딜

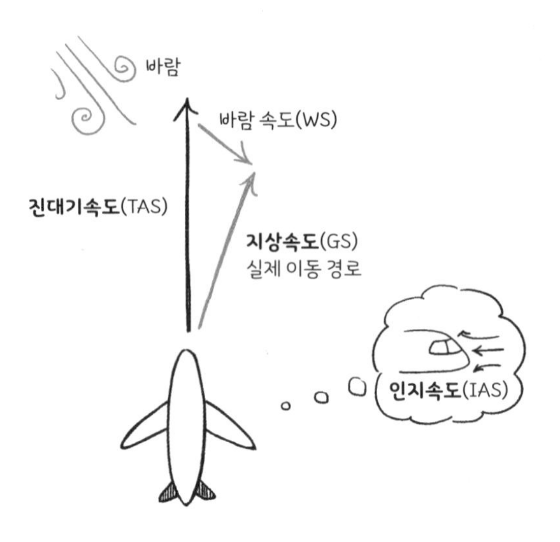

수 있는 인지속도는 약 600km/h다. 공기가 두껍게 깔린 낮은 고도에서 비행한다면 절대로 저 속도를 넘지 못할 것이다. 대신 공기저항이 작은 높은 하늘로 올라가면 400km/h 정도에서 느껴지는 저항만으로 훨씬 빠른 속도인 900km/h로 비행할 수 있게 된다. 즉 높이 올라갈수록 저항을 적게 느끼며 더 빠르게 날 수 있다.

전지적 공대생 시점 TMI

높이 올라갈수록 저항도 줄어들지만 양력도 줄어들기 때문에 비행기 무게에 따라 올라갈 수 있는 고도가 달라진다. 보통 장거리 국제선의 경우, 무게가 많이 나가는 비행 초반에는 비교적 낮은 고도에서 순항하다가, 연료를 소비해 점점 가벼워지게 되면 조금씩 고도를 높여간다.

비행기의 속도에 대한 이야기가 방대하다 보니 다소 어지러울 수 있다. 그래도 당황하지 말자! 복잡해 보여도 딱 세 가지만 기억하면 된다. 비행기가 비행하는 데 필요한 '인지속도', 비행기가 실제로 바람을 가르는 속도인 '진대기속도', 여기에 바람의 영향까지 추가해 실제로 땅 위를 얼마나 빠르게 이동하는지를 알려주는 '지상속도'까지. 다행히 객실에 표시되는 속도는 거짓말이 아니었다. 물론 조종실 계기판의 속도도 마찬가지다. 다만, 각자 관심사가 다를 뿐이다.

15 날개는 왜 두 개로 충분하지 않을까?

꼬리날개와 정적 안정성

비행기를 비행기로 만들어주는 가장 중요한 부품은 무엇일까? 아마 비행을 가능케 해주는 상징적인 존재인 날개가 아닐까 싶다. 비행기의 양옆으로 나와 있는 한 쌍의 커다란 주날개는 육중한 무게를 하늘로 들어올리는 힘의 근원이다. 그런데 우리가 대견하게 바라보는 주날개 말고도 '날개'라는 이름을 가진 부품이 또 있다. 바로 비행기 꼬리 부분에 달린 3개의 비교적 작은 날개들, '꼬리날개' 되시겠다.

넓이로 보나 두께로 보나 우리를 하늘에 띄워주는 일은 주날개가 대부분 해내고 있을 것이다. 주날개야 비행기를 날린다지만, 꼬리날개는 비행기를 들어주지도 않으면서 '꼬리지느러미'도 아니고 당당하게 '날개'라는 이름을 쓰고 있다니, 주날개 입장에서는 날개라는 명칭을 공유하는 게 억울할지도 모르겠다. 게다가 크기가 작은 것도 아니라서 무게도 꽤 나갈 텐데, 그럼에도 모든 비행기가 로고까지 그려진 널따란 꼬리날개를 자랑스럽게 달고 있는 이유가 뭘까? (설마, 광고 수익…?)

비행기와 다트의 공통점
꼬리날개가 있다는 것

재밌는 상상을 하나 해보자. 꼬리날개만 보기 위해 비행기의 주날개를 없애면 어떤 모양이 될까? 원통형의 동체와 꼬리날개만 남은 안쓰러운 모습이 상상된다. 기다란 알루미늄 깡통에, 지느러미가 3개 붙어 있는 모양새가 딱 잡아서 던지기 좋게 생겼다. 꼬리에는 지느러미 같은 것이 있고, 잡아서 던지기 좋게 생긴 그 무엇. 연상되는 것이 하나 있지 않은가? 아, 다트!

그러고 보니 비행기에서 날개만 떼어내니 다트나 화살이랑 많이 닮았다. 다트는 주날개만 없지, 꼬리에 깃은 있다. 이 깃은 다트가 앞으로 똑바로 나아가게 하는 역할을 한다. 깃 덕분에, 조금 기우뚱거릴 수는 있어도 화살은 오뚝이처럼 앞 방향을 바라보며 꾸준히 나아가게 된다.

자동차나 기차는 땅과 접촉하는 '바퀴'가 있고, 이 바퀴가

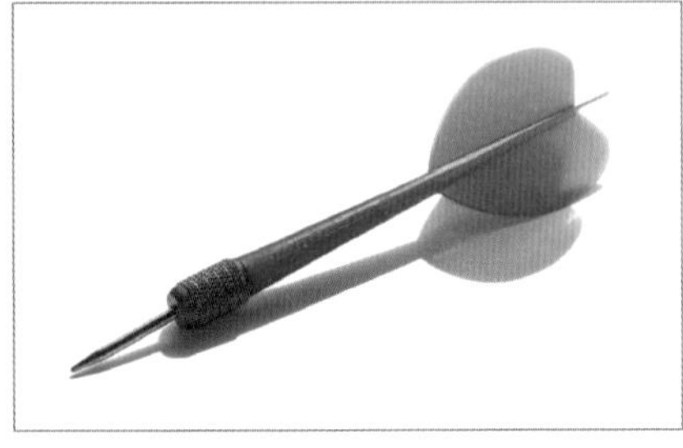

비행기의 꼬리날개와 다트의 유사성. 다트에 날개만 달면 비행기라고 우겨볼 수도 있지 않을까.

바라보는 방향으로 움직인다. 하지만 하늘에 떠 있는 물건은 '앞'이라는 방향성을 갖고 있을 이유가 없다. 우리가 하늘에 공을 던졌을 때 빙글빙글 돌면서 날아가도 이상할 것이 전혀 없듯이 말이다. 그러니 우리가 타는 비행기도 공처럼 방향성 없이 어지럽게 빙글빙글 돌며 날아갈 수도 있는 일이다. 물론 끔찍한 상상이지만.

이때 공중에 떠 있는 비행기가 방향성을 갖도록 해주는 것이 바로 꼬리날개다. 꼬리날개는 공기의 흐름을 받아내면서 동체 뒤쪽을 꽉 잡고 비행기의 방향을 유지한다. 풍향계가 바람이 불어오는 방향을 가리키는 모습과 같은 원리다. 비행기는 위아래, 좌우 어디로든 흔들릴 수 있기 때문에 위아래 방향의 흔들림은 옆으로 누운 수평 꼬리날개가, 좌우 방향으로의 흔들림은 위로 솟은 수직 꼬리날개가 잡아주게 된다. 한마디로 비행기는 날개 달린 초대형 다트인 셈이다.

이처럼 비행기의 자세를 유지하는 특성을 '비행 안정성'이라고 한다. 꼬리날개가 넓어질수록 안정성은 더 커지게 되며, 난기류 등으로 비행기의 자세가 흔들려도 곧 빠르게 회복된다. 하지만 날개가 커질수록 무게가 증가하고 공기저항도 커지므로 공학자들은 비행기의 무게, 동체의 길이 등을 고려해 적당한 모양과 크기의 꼬리날개를 찾아낸다. 하늘에 떠 있는 모든 비행기들이 돌멩이처럼 빙글빙글 돌지 않고 항상 '앞'으로 나아갈 수 있는 근본적인 이유는 바로 꼬리날개에 있다. 어쩌면 비행기가 앞으로 가는 것이 그렇게 당연한 일은 아니었는지도 모른다.

꼬리날개가 비행기의 '앞'쪽을 결정한다는 말을 조금 더 곱씹어보면 또 다른 의미를 찾아낼 수 있다. 꼬리날개의 모양이

전지적 공대생 시점 TMI

꼬리날개는 별칭일 뿐 본명은 따로 있다. 꼬리날개의 정식 명칭은 '안정판stabilizer'이다. 비행기의 진행 방향을 '안정'시켜주는 역할을 한다는 뜻이다. 비행기의 상하 방향 안정성을 담당하는 안정판을 수평안정판horizontal stabilizer, 좌우 방향 안정성을 담당하는 안정판을 수직안정판vertical stabilizer이라고 한다.

바뀌면 비행기의 '앞', 그러니까 비행기가 향하는 방향이 바뀔 수도 있다. 즉 꼬리날개로 비행기 조종이 가능하다는 뜻이다. 그렇다! 실제로 여객기의 머리(기수)가 바라보는 방향을 조종하는 조종면은 모두 꼬리날개에 있다. 꼬리날개 뒤쪽에 달린 조종면들이 좌우로, 위아래로 열심히 파닥거리며 조종사의 명령대로 기수를 위아래로, 좌우로 움직이는 역할을 한다. 하지만 꼬리날개의 활약상을 구경하기란 쉽지 않다. 게이트를 통해 타고 내리는 순간에는 꼬리 쪽에 덩그러니 매달려 있을 뿐이고, 정작 활약하는 비행 중에는 우리 눈에 보이지 않기 때문이다. 하지만 비행기의 진행 방향을 조종하는 정도라면 기꺼이 '날개'라는 타이틀을 인정해줘도 될 것 같다.

이번엔 꼬리날개의 이름 자체에 질문을 던져보자. 왜 꼭 '꼬리'날개여야만 할까?

'머리'날개일 수는 없을까?
정적 안정성

볼펜을 하나 가지고 실험해보자. 우리의 목표는 볼펜을 똑바로 세우는 것이다. 첫 번째 방법은 볼펜의 위쪽 끝을 잡고 볼펜을 아래로 드리우는 것이다. 또 다른 방법은 볼펜의 아랫부분을 손가락으로 받치고 볼펜을 손가락 위에 세우는 것이다. 어느 쪽이 볼펜을 세우기 더 쉬울까? 당연히 볼펜의 위쪽을 잡는 경우일 것이다. 볼펜의 아랫부분을 안정적으로 받치려면 손을 매우 바쁘게 움직여야 간신히 균형을 잡을 수 있다. 뛰어난 균형감각으로 바로 세우더라도 곧 넘어지고 말겠지만.

둘의 차이는 무엇일까? 볼펜 위쪽을 잡은 경우, 볼펜이 똑바로 서는 위치에서 조금 벗어나더라도 제자리로 돌아오려는 성질이 있다. 반면 볼펜의 아래쪽을 받친 경우, 볼펜이 똑바로 선 자세에서 조금만 벗어나더라도 바로 넘어지는 쪽으로 움직이게 된다. 즉 둘의 차이는 원래 상태를 회복하려는 성질의 여부에 있다. 이처럼 안정된 상태로 회복하려는 성질을 좀 있어 보이는 용어로 '정적 안정성static stability'이라고 한다(전문용어 습득!). 볼펜의 위쪽을 잡는 것은 정적으로 안정한 상태이고, 아래쪽을 받치는 것은 정적으로 불안정하다고(정적 안정성이 없다고) 표현한다.

꼬리날개와 머리날개의 차이는 볼펜의 위쪽을 잡느냐, 아래쪽을 받치느냐의 문제와 정확히 일치한다. 이를 이해하기 위해 상상 실험을 하나 더 해보자.

여러분은 달리는 차의 창밖으로 부채를 내밀고 있다. 부채를 공기의 흐름에 맡기면 부채는 자연스럽게 달리는 방향의 반대쪽으로 돌아갈 것이다. 그러면 부채를 쥔 손이 부채보다 앞에 가 있는 모양새가 된다. 이때는 별다른 노력을 하지 않아

꼬리날개의 위치를 정하는 것은 볼펜 세우기 문제와 비슷하다.

도 부채는 손 뒤쪽에 자리를 잡게 될 것이다. 즉 정적 안정성이 있는 상태다. 이번에는 반대로 부채를 손 앞쪽으로 오게 해 보자. 부채의 자세를 유지하는 게 쉬운가? 부채가 조금만 들려도 부채는 강하게 뒤집히려고 할 것이다. 즉 정적 안정성이 없는 상황이 만들어진다.

손은 비행기의 무게중심을 상징한다. 비행기의 무게중심은

전지적 공대생 시점 TMI

정적 안정성? 그럼 동적 안정성이란 말도 있는 건가? 빙고! 동적 안정성dynamic stability은 시간이 흐르면서 원상태로 수렴하는지를 본다. 원상태로 회복하려는 경향(정적 안정성)이 있어도, 시간이 지남에 따라 흔들리는 폭이 점점 더 커지는 경우가 있다. 이럴 경우 동적 안정성이 없다고 말한다.

대략 비행기의 주날개 근처에 있다. 그렇다면 부채가 손보다 앞에 있는 상황은 머리날개를, 부채가 손보다 뒤에 있는 상황은 꼬리날개를 나타낸다. 이제 왜 머리날개가 아니라 꼬리날개인지 이해가 될 것이다. 꼬리날개는 비행기의 자세를 안정적으로 유지시켜주지만, 머리날개는 정반대로 매우 불안정하게 만들어버린다. 꼬리날개가 꼬리에 있는 이유다.

불안정성의 또 다른 이름 민첩성

비행기가 불안정한 것은 좋을 것이 하나도 없어 보이지만 이 불안정성도 백번 좋게 말하면 '민첩성'이라는 이름으로 둔갑한다. 비행기 중에는 이 민첩함을 중요하게 여기는 부류가 있다. 바로 전투기다. 사실 볼펜을 손으로 받쳐서 세우는 것이나, 부채를 바람에 정면으로 부딪치게 하면서 균형을 잡는 것이나, 신들린 손재주만 있다면 꼭 불가능한 일만은 아니다. 실제로 몇몇 전투기들은 편안한 안정성보다 신들린 손재주를 택해 적재적소에 불안정성을 사용하는, 위험하지만 효과적인 전략을 택했다. 이 말인즉 실제로 머리날개를 달고 있는 전투기가 있는데, 이런 머리날개를 카나드 날개carnard wing라고 한다.

문제는 이 '신들린 손재주'다. 자동차에서 부채를 잡고 있는

불안정성의 또 다른 이름은 민첩성이다. 카나드 날개를 단 프랑스의 라팔 전투기.

것도 어려운데, 그보다 훨씬 빠른 속도로 나는 전투기의 카나드 날개를 사람의 감각으로 조종하려면 세 번 정도 신들려야 될까 말까다. 그래서 카나드 날개는 사람보다 훨씬 민첩한 컴퓨터의 힘이 필요하다. 실제로 컴퓨터로 비행기를 조종하는 시대가 도래하면서 불안정성을 적극적으로 활용하는 도전적인 비행기들이 본격적으로 날아다닐 수 있게 되었다.

카나드 날개는 비행기를 민첩하게 하는 것은 물론 연비도 향상시키는 등 여러 장점을 지니고 있다. 하지만 이런 비행기들을 안정적으로 날리는 것은 비행 내내 서커스를 하는 것과 같아서 위험한 점도 있다. 그래서 안전을 특히나 중요하게 여기는 여객기는 여러 이점을 포기하고 꾸준히 꼬리날개를 고집하고 있다.

라이트 형제는 처음으로 하늘을 난 사람들이 아니었다. 그 전에도 하늘을 날았던 사람들은 있었다. 그럼에도 라이트 형제가 비행의 아버지로 이름을 남기게 된 이유는 하나다. 라이트 형제가 최초의 '조종 가능한 동력 비행'을 했기 때문이다. 이 사실은 단순히 날아오르기만 하는 것은 비행이 아니라는 것을 보여준다. 날아오른 후에도 지속적으로 하늘에 떠 있을 수 있어야 진정한 비행으로 인정된다. 엔진이 원동력을 제공하고 주날개가 육중한 무게를 들어올릴 때, 항공기의 후미에는 '궁극적인 비행'을 가능케 하는 꼬리날개가 있다. 어쩌면 비행기를 비행기로 만들어주는 가장 중요한 부품은 꼬리날개일지도 모르겠다.

전지적 공대생 시점 TMI

지금도 하늘을 누비는 많은 전투기가 불안정성을 전략적으로 활용하기 위해 정적 안정성을 희생한 설계를 채택하고 있다. 카나드 날개를 단 전투기는 물론이고 꼬리날개를 달고 있는 비행기도 정적 안정성이 없는 경우가 있는데, 우리나라의 주력 전투기인 F-16이 그 대표적인 예다. 미국의 폭격기인 B-2는 꼬리날개가 아예 없는 설계를 택했는데, 매우 불안정하지만 레이더에 잘 잡히지 않는다는 장점이 있다.

아예 주날개만 덩그러니 달고 날아다니는 비행기도 있다. 미국의 B-2 폭격기.

16 원하는 좌석에 앉기 위해 치르는 비용

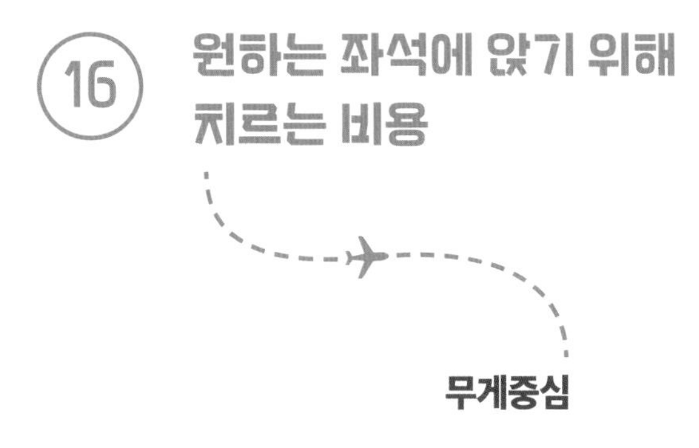

무게중심

모처럼 떠나는 가벼운 여행길! 하지만 그보다 가벼운 나의 지갑! 그렇게 우리는 저렴한 좌석을 찾는다. 얄팍한 주머니 사정 때문에 저가 항공을 이용해본 사람이라면, 내가 원하는 좌석을 지정하면 돈을 더 내는 경험을 해봤을 것이다. 좌석을 지정하면 몇천 원에서 몇만 원 정도 더 비싸기 때문에 보통 자리 선택을 포기하고 자동으로 배정되는 자리에 앉기 마련이다. 내가 원하는 자리에 앉기 위해 돈을 더 내야 하는 게 한편으로는 야속하면서도, 그만큼 저렴한 표를 얻었으니 그러려니 한다.

하지만 막상 자리를 배정받고 보면 조금 의아한 부분이 생긴다. 내 자리를 포함한 다른 승객들이 배정받은 자리가 듬성

듬성 배치되어 있다. 게다가 조금이라도 출입구에서 가까운 앞쪽 좌석을 선호하는데, 앞쪽에 빈자리가 있어도 날개 근처로 자리가 배정되곤 한다. 일찍 신청했으면 좋은 자리 줘야 하는 것 아닌가? 퍼스트 컴, 퍼스트 서브드first come, first served! 앞쪽의 빈자리를 놔두고 스테이크에 소금 뿌려놓은 것처럼 승객들을 듬성듬성 배치해놓다니. 소금이 된 기분이다. 짜다 짜.

사실 항공사가 승객들의 편의를 외면할 이유는 없다. 자리가 듬성듬성 배치된 데에도 다 이유가 있을 터. 탑승객들의 위치는 비행에 어떤 영향을 줄까?

시소에서 균형잡기
무게중심과 공력중심

비행기에 작용하는 가장 중요한 두 가지 힘이 있다. 바로 중력과 양력이다. 중력과 양력이 조화를 이루어야 비행기는 고도를 유지하면서 안전하게 나아갈 수 있다. 중력이 작용하는 곳을 대표하는 점을 '무게중심center of gravity'이라고 한다. 즉 무게중심에 비행기의 모든 무게가 걸린다고 말할 수 있다. 한편 양력은 날개에서 발생한다. 그리고 이 양력이 작용하는 지점들을 대표하는 점을 찍을 수 있는데, 이 점을 '공력중심aerodynamic center'이라고 한다. 무게를 대표하는 점, 무게중심! 그

복잡할 것만 같은 비행기의 균형 잡기는 시소를 떠올리면 쉽게 이해할 수 있다.

리고 양력을 대표하는 점, 공력중심!

저 둘이 각각 무게와 양력을 대표하는 점이라는 건 알겠는데, 비행기의 균형과 어떤 관계가 있는 것일까? 이번엔 머릿속으로 시소를 상상해보자. 이 시소는 비행기를 상징한다. 가운데에는 시소를 받쳐주는 받침대가 있는데 이 받침대는 시소를 들어올려주고 있으니 비행기의 날개, 즉 공력중심을 상징한다고 할 수 있다. 그렇다면 무게중심은? 바로 시소에 올

전지적 공대생 시점 TMI

공력중심은 항공을 공부하는 사람들을 괴롭히는 헷갈리는 개념 중 하나다. 공력중심의 정확한 정의는 '받음각의 변화에도 모멘트가 일정하게 유지되는 지점'이다. 하지만 공학 전공자가 아니라면 그렇게 자세하게 알 필요는 없으므로 '양력의 중심!' 정도로 간단히 풀이하고 넘어간다.

라탄 사람들이 만들어낸 중심이다. 즉 시소를 타고 있는 사람들은 비행기에 탄 승객, 연료, 그리고 짐을 상징한다.

만약 시소 양쪽에 앉은 사람들의 무게가 정확히 동일하다면 시소는 기울지 않을 것이다. 이 모양은 시소의 무게중심과 공력중심이 정확히 포개지는 상황이다. 비행기도 똑같다. 날개 근처에 있는 공력중심과 무게중심이 정확히 포개진다면 비행기는 기울지 않는다. 하지만 시소의 무게중심이 한쪽으로 이동하면 시소는 바로 무게중심이 치우친 쪽으로 기울어진다. 즉 비행기의 머리나 꼬리가 무거워져(무게중심이 기울어져) 무게중심이 공력중심(받침대)에서 벗어나게 된다면 비행기는 고꾸라질 것이다.

시소의 균형을 완벽하게 맞춘다는 것은 쉽지 않은 일이다. 시소도 어려운데 비행기는 말할 것도 없다. 설령 균형을 기가 막히게 맞췄다 하더라도 이 균형은 금방 깨지고 말 것이다. 우리는 비행 중 화장실을 들락날락하고, 승무원들은 기내 앞쪽부터 뒤쪽까지 걸어다닌다. 이뿐만이 아니다. 엄청난 양의 연료도 시시각각 연료탱크에서 엔진으로 흘러들어가고 있다. 비행기의 무게중심을 가만히 유지한다는 것은 아무래도 불가능해 보인다.

그럼에도 비행기는 흐트러짐 없이 자세를 유지하고 앞으로 잘만 나아간다. 이는 비행기가 기울지 않게 잡아주는 무엇인가가 있다는 뜻일 터! 우리가 열심히 시소의 균형을 맞추기 위해 애쓰고 있을 때, 옆에 한 친구가 걸어오더니 한마디 던진다. "뭐 하러 균형 맞추면서 사서 고생을 해? 한 명이 끝에서 잡아주면 되잖아." 그러네…?

머리가 무거우면
꼬리가 눌러줘야지

시소가 기울어지지 않게 하려면 한쪽 끝에서 시소를 잡아주면 될 일이다! 아이고 명쾌해라. 비행기에도 이런 존재가 있다. 한쪽 끝에서 비행기를 잡아주는 존재, 바로 앞선 글의 주인공인 꼬리날개다.

무게중심과 공력중심의 위치가 어긋나 비행기가 앞이나 뒤로 고꾸라지려고 할 때면, 꼬리날개는 시소를 잡아주듯이 비행기가 넘어가지 않도록 적당한 양력을 올바른 방향으로 만들어낸다. 머리 쪽이 무거워 비행기가 앞으로 고꾸라질라 치면, 꼬리날개는 꼬리 쪽을 아래로 눌러 비행기가 앞으로 넘어가지 않게 잡아준다. 시소가 한쪽으로 기울어지려 하니, 반대편에서 친구가 시소를 힘껏 눌러주는 것과 같은 이치다.

비행 중 바람의 방향이 바뀌고, 연료가 이동하고, 승객들과 짐이 이리저리 흔들려도 비행기가 균형을 잡을 수 있는 것은

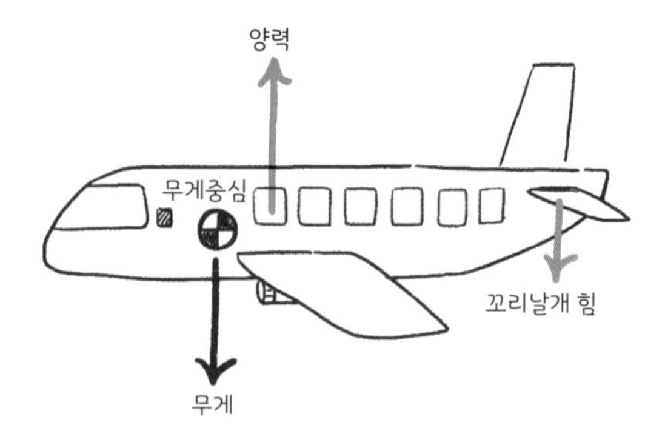

이 비행기는 머리 쪽이 더 무겁기 때문에 꼬리날개가 꼬리 쪽을 눌러주고 있다.

꼬리날개 덕분이다. 특히 앞뒤 무게 균형이 안 맞으면 수평 꼬리날개가 꼬리 쪽을 눌러주거나 들어주며 비행기가 똑바로 나아갈 수 있게 해준다. 꼬리날개, 참 알수록 고마운 존재다.

이제 원래의 문제로 돌아와서 고민해보자. 무게중심이 쏠려도 균형을 확실하게 잡아주는 든든한 꼬리날개가 있으니 우리가 어디에 앉는지는 별문제가 안 될 것 같은데, 굳이 자리를 저렇게 분산시키는 이유가 무엇일까? 친구가 시소를 잡아주니 너무 편하다. 그 친구에게 시소를 계속 잡아달라고 하자, 친구가 한마디 더 한다. "맨입으론 안 되지!"

세상사가 이런 걸까? 슬프게도 세상에 공짜는 없는 모양이다. 비행에는 양력이 필수적이다. 비행기를 띄우는 데에는 물론이고 꼬리날개로 비행기의 균형을 잡아주기 위해서도 양력을 만들어내야 한다. 한편 항공 분야에는 불변의 진리가 하나 있으니, 양력은 곧 공기저항이라는 진리다.

공기저항은 양력에 비해서 훨씬 작지만, 양력의 제곱에 비례해 커지는 경향이 있다. 그러니까 양력이 2배가 되면 공기저항은 4배가 된다. 따라서 연료를 아끼기 위해서는 딱 필요한 만큼의 양력만을 쓰는 것이 정말 중요하다. 그런데 만약 비행기의 균형이 안 맞아 꼬리날개에서 꼬리를 눌러주는 힘을 만들어야 한다면?

꼬리날개는 꼬리날개대로 힘을 만들어내야 하니 공기저항이 증가할 것이고, 꼬리날개가 비행기를 아래로 누르니 주날개는 그만큼의 힘을 보상하기 위해 더 큰 양력을 만들어낼 것이다. 즉 비행기의 균형이 맞지 않으면 주날개와 꼬리날개 모두 만들어내는 힘이 커지고 결국 전체적으로 공기저항이 증가한다. 비행기의 균형이 깨질수록 비행기는 더 많은 연료를

전지적 공대생 시점 TMI

비행기의 앞쪽에 무게가 너무 쏠리면 이륙에 문제가 되기도 한다. 기수가 잘 들리지 않아 이륙이 힘든 것인데, 실제로 일부 항공사는 승객들이 앞쪽에 몰려 앉았을 경우 이륙 시에만 승객 일부를 뒷좌석으로 이동시키기도 한다. 참고로 좌석의 위치와 가격을 결정하는 데에는 비행기의 무게중심 외에도 다양한 요인이 작용한다. 무게중심은 그중 하나일 뿐이므로 실제 좌석의 가격은 항공사별 정책에 따라 다르게 책정된다는 점을 유념하자!

소모하게 된다. 시소를 잡아주는 친구가 더 많은 일을 할수록, 더 비싼 밥을 사줘야 하는 셈이다.

연료를 최대한 아끼고자 하는 항공사 입장에서는 결코 달갑지 않은 일이다. 따라서 무게중심을 최대한 공력중심에 맞추어 꼬리날개가 일을 덜 하게 만드는 것이 이득이다. 시소의 균형을 그래도 최대한 맞춰놓고서 잡아주는 친구를 덜 힘들게 해야 밥 사줄 일을 간식 정도로 막을 수 있는 것이다.

안정성과 경제성의 저울질

비행기의 무게중심과 공력중심의 관계는 연료 소모량뿐만 아니라 항공기의 안정성에도 영향을 미친다. 사실 항공기는 안정적으로 비행하기 위해 정확히 균형이 맞는 상태보다는 머리 쪽이 조금 무거운 상태로 비행한다. 앞에서 '정적 안정성'을 설명하며 소개한 차창 밖으로 부채를 펼치는 상황을 떠올려보면 이해가 될 것이다. 무게중심을 상징하는 손이 날개를 상징하는 부채보다 앞에 있을 때 안정 상태가 된다고 했었다. 이를 무게중심과 공력중심으로 이야기해보면, 무게중심이 공력중심보다 앞에 있을 때 비행기가 안정해진다는 말과 같다. 실제로 무게중심이 앞으로 갈수록 안정성은 더 좋아지는

데 이 말인즉, 머리가 무거울수록 비행기는 안정해진다는 뜻이다. 머리와 꼬리가 정확히 균형을 이룰 때 연비가 가장 좋아지는 것과는 사뭇 다른 현상이다.

정리하자면 연비 향상을 위해서는 최대한 균형을 맞춰야 하지만, 안정성을 위해서는 무게중심을 앞으로 옮겨야 한다. 그래서 최적의 무게중심은 비행기의 안정성을 보장하면서도 연료를 최대한 아낄 수 있는, 공력중심보다 약간 앞쪽 어딘가로 정해지곤 한다. 그리고 항공사들은 경제성과 안정성을 고려한 이 위치에 무게중심을 올려놓기 위해 최대한 노력한다.

이것이 바로 우리가 원하는 좌석을 선택하면 돈을 더 내는 이유다. 이상적인 무게중심에서 벗어난 만큼의 비용을 부담하는 셈인 것이다. 그것이 연료를 더 소모하는 방향이었든, 안정성을 조금 해치는 방향이었든 말이다. 또한 우리가 좌석 선택권을 포기하면 항공사는 무게중심을 이상적인 지점에 최대한 맞추기 위해 승객을 비행기 중앙부 부근부터 차례대로 소금

전지적 공대생 시점 TMI

비행기의 꼬리가 지나치게 무거워져 무게중심이 공력중심보다 뒤쪽에 위치하면 굉장히 위험한 상황이 발생한다. 안정성이 크게 저하되기 때문이다. 실제로 2013년, 내셔널 항공 소속의 점보 화물기가 군용 차량을 싣고 이륙한 직후 화물칸의 결박이 풀려 차량들이 뒤로 쏟아졌고, 항공기는 결국 중심을 잃고 추락했다.

뿌리듯이 배치하게 된다. 우리의 자리는 안정성과 경제성의 저울질을 통해 결정된다.

우리가 비행기에 타서 열심히 졸고 있는 사이, 비행기의 무게중심은 가장 이상적인 위치를 찾아 조금씩 이동한다. 움직임이 많은 이착륙 시에는 비행기의 안정성을 우선하는 반면, 움직임이 적은 순항 때는 경제성을 조금 더 우선한다. 따라서 순항 때는 무게중심을 약간 뒤로 옮겼다가, 이착륙 시에만 다시 앞으로 옮기는 것이 좀 더 효율적이라 할 수 있다. 그런데 무게중심을 옮긴다고 사람을 옮길 수는 없으니 비행기는 연료를 옮기곤 한다. 이착륙 시에는 주날개에 있는 전방 연료통에 연료가 모여 있다가, 몇몇 조건이 맞으면 순항 시에는 연료 일부가 꼬리날개 쪽 연료통으로 이동해 무게중심을 뒤로 옮기는 방식이다.

연료를 이용해 무게중심을 이동하는 것이 일반 여객기에는 약간의 이득을 위한 작업이지만, 음속을 넘나드는 비행기에는 비행 가능 여부를 결정하는 굉장히 중요한 기능이 되기도 한다. 음속을 돌파하면 공력중심 자체가 이동하는 현상이 발생한다. 이는 시소 받침대 자체가 움직인 꼴이므로 무게중심이 이에 맞춰 이동해줘야만 비행기가 균형을 잡을 수 있다. 초음속 여객기 콩코드의 경우, 음속을 돌파하면서 연료를 뒤로 보내 무게중심을 뒤로 옮기고, 이착륙 시에는 연료를 앞으로 이동시킨다. 무게중심 이동 폭이 워낙 큰 탓에 무게중심이 원활하게 이동하지 못하면 이착륙이 불가능한 상황에 빠질 수도 있다. 연료 탱크에 연료를 이동시키는 펌프를 4개씩 장착해 혹시 모를 사태에 대비했다고 한다.

길고 긴 이야기였다. 우리에게 배정되는 좌석의 위치가 궁금했는데, 비행기의 무게중심과 공력중심부터 꼬리날개의 안정성과 연료까지. 퍽 심오한 원리들이 복합적으로 작용하고 있지 않은가! 앞으로 날개 근처에 자리를 배정받게 되면 "아, 나는 무게중심을 잘 잡아주고 있구나"라고 생각하자.

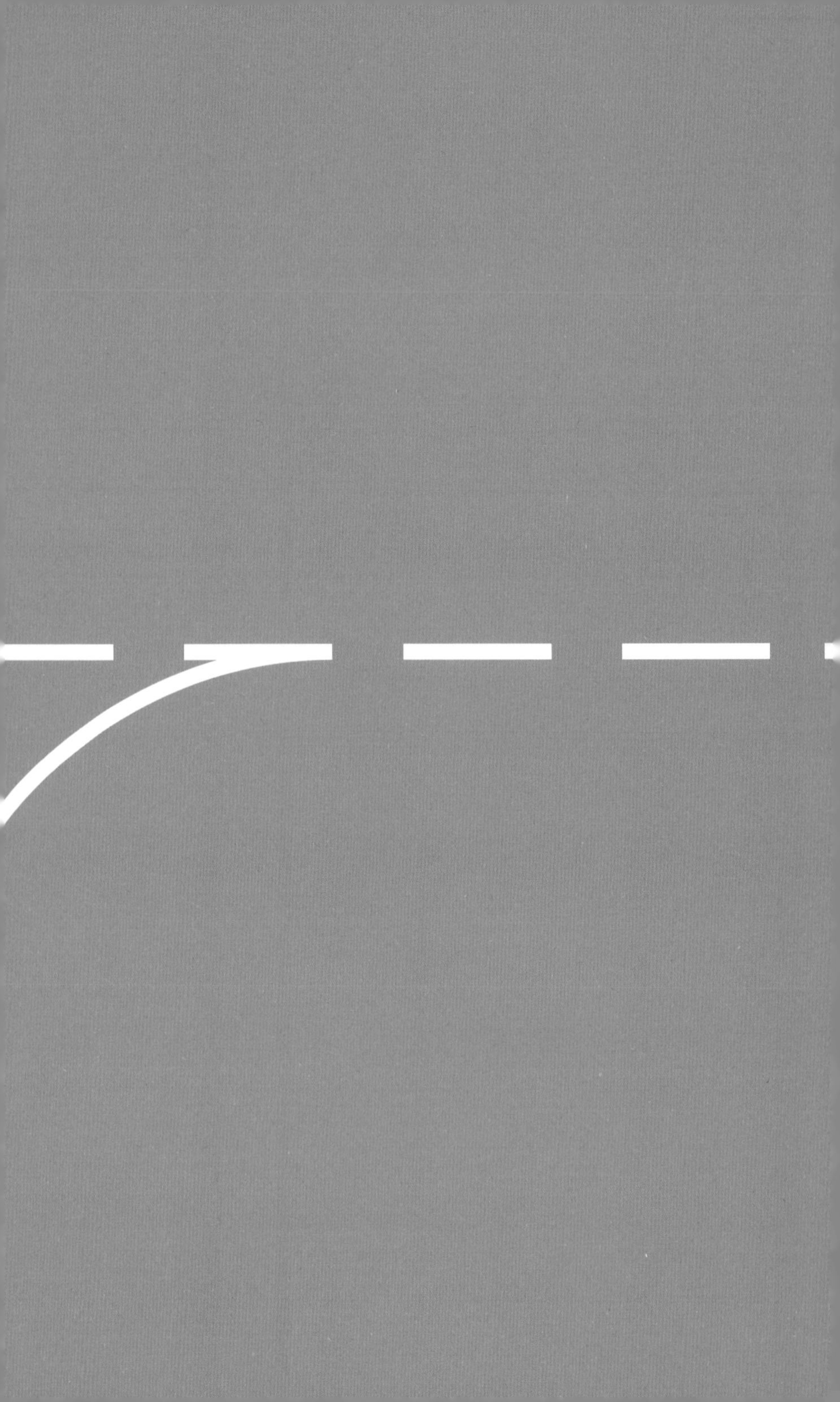

PART 4
기술

더 멀리, 더 빠르게,
더 안전하게

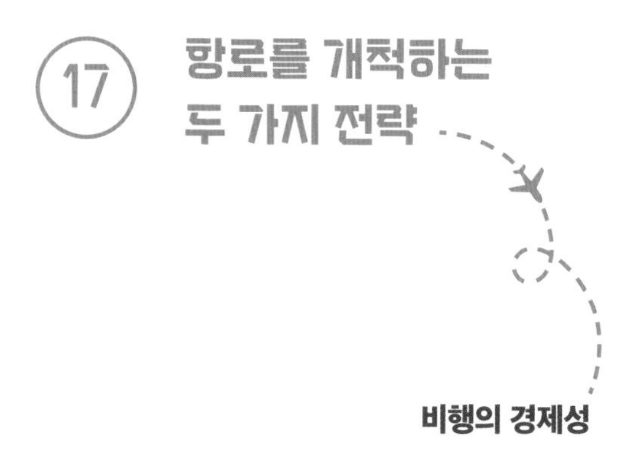

17 항로를 개척하는 두 가지 전략

비행의 경제성

신문이나 뉴스를 보면 '가장 큰 비행기', '점보기'라는 표현을 꽤 자주 접하게 된다. 흔히 점보기라고 부르는 비행기는 300~400명의 승객들과 짐, 수십 톤의 연료를 싣고 하늘에 뜨는 엄청난 존재다. 아무리 싸도 수십만 원에서 많게는 수백만 원대에 이르는 항공권 가격을 떠올려보면, 한 번에 수백 명의 승객을 싣고 날아오르는 비행기는 돈을 꽤 잘 벌겠다 싶다. 항공사 입장에서도 한 번 비행기를 띄울 때 승객을 많이 태우는 것이 이득일 것이다. 그럼 비행기는 클수록 좋은 것일까?

비행기 크기와 전략에 대해 알아보기 위해 여객기 제작 분야의 양대 산맥인 보잉Boeing과 에어버스Airbus의 이야기를 해볼까 한다. 미래 여객기 시장을 점유하기 위해 끊임없이 경쟁하는 이 두 회사는 2007년과 2008년, 비슷한 시기에 각각 '기존의 기록을 깨는' 새로운 기종을 야심차게 발표했다. 보통 제조회사 간 경쟁이란 비슷한 제품이 등장하고 미세한 성능 우열을 가리는 것을 의미하지만 이 시기 두 회사가 내놓은 비행기는 비슷하기는커녕 그 개념부터 판이했다.

울트라 빅 vs 울트라 라이트
A380과 B787

2007년, 유럽연합의 에어버스가 내세운 카드는 여객기 규모의 역사를 새로 쓴 초대형 여객기 A380이었다. 무게, 바퀴 수, 승객 수 등 다양한 수치들에서 신기록을 세운 것은 물론이고 국제 표준 항공기 분류에 A380만을 위한 새로운 카테고리가 추가될 정도였으니 기존의 틀을 제대로 깬 셈이다. 거기에 기존의 항공기보다 월등한 친환경적 특성(승객당 이산화탄소 배출량, 소음 발생도 등)까지 보이며 크기만 큰 괴물스러운 이미지 대신, 친환경적인 이미지까지 갖추었다.

공학적 성능을 떠나 처음 보는 2층짜리 비행기는 그 모습만으로도 세간의 관심을 끌기에 충분했고, 대형 항공사들은 '하늘의 호텔'이라는 슬로건을 내걸고 앞다투어 항공기를 주문했다. A380이 '세상에서 가장 큰 여객기'라는 타이틀을 거머쥐면서 에어버스는 여객기 시장의 큰손으로 자리매김하며 존재감을 과시했다.

한편 보잉은 2009년 '드림 라이너Dream Liner'라는 애칭을 가진 B787기를 하늘에 띄우는 데 성공한다. 그런데 B787은 신기종임에도 그다지 크지 않았다. 점보기 축에 끼기는커녕 200~300인승 중형 여객기에 속했다. 그 대신 보잉이 내세운 슬로건은 '초고효율성ultra high efficiency'이었는데, 실제로 B787은 이제껏 나온 어떤 비행기보다도 가볍고 공기역학적으로 효율이 좋았다. 이는 동급 항공기와 비교할 때 같은 거리를 날아도 연료를 훨씬 적게 쓴다는 의미이면서 동시에 같은 양의 연료를 싣고 더 멀리 날아갈 수 있다는 뜻이다. 탄소섬유, 시스템 전자화, 곡선형 날개, 새로운 엔진 등 사용 가능한 최신 기술은 죄다 도입해 이뤄낸 성과였다.

하나는 거대한 비행기, 하나는 작고 효율성 좋은 비행기 정도로 정리할 수 있겠지만 '거대함'과 '고효율'을 어떻게 나란히 비교할 수 있는지 아직은 모호하게 다가온다. 딱 봐도 다른 특징인데, 비교가 가능하기는 한 걸까? 그런데 두 비행기와 관련된 숫자들을 열심히 비교하다 보면 재밌는 '공통점'을 찾을 수 있다!

목적은 같지만 전략은 다르다

항공기가 크면 일단 연료를 많이 실을 수 있으므로 비행거리는 항공기의 체급에 비례하는 경향이 있다. 대륙 간 장거리 국제선에 작은 비행기가 배정될 수 없는 이유이기도 하다. 효율과는 관계없이 일단 멀리까지 날아가지 못하기 때문이다. 당연하게도 거대한 크기의 A380은 체급에 걸맞게 대부분의 국제공항을 직항으로 연결할 수 있는 수준의 장거리 항공기다. 단, A380은 멀리 나는 편에 속하긴 해도 '체급에 비해' 멀리 나는 비행기는 아니었다. 많은 물자를 신도록 설계된 탓에 부피가 커서 절대적으로 공기저항이 클 수밖에 없고 무게도 상당하기 때문이다. 결과적으로 하늘의 고래 A380은 500명의 승객을 태우고 약 1만 5000km 정도를 비행하는 장거리 초대형 항공기로 요약할 수 있다.

재밌는 건 B787이다. B787은 A380보다 훨씬 작은 체급으로 최대 실을 수 있는 연료의 양은 A380의 40%에 불과하다. 그런데 비행거리는 무려 1만 4000km로 A380보다 1000km 적을 뿐, 거의 비슷하다. B787과 같은 체급의 기존 항공기들이 1만km 내외를 날아다녔다는 사실을 생각해보면, B787은 기존 항공기들에 비해 훨씬 더 멀리 날면서 체급 족보를 무시하는 반항

아다. 초고효율성을 추구한 보잉의 노력이 뚜렷하게 드러나는 대목이다. 이렇듯 A380에 비해 절반 정도 되는 승객을 태울 수 있는 크기지만 40% 정도의 연료로 비슷한 거리를 날 수 있는 B787은 장거리 중형 항공기로 표현할 수 있겠다.

우선, 가장 눈에 띄는 둘의 공통점은 비행거리다. 1만 4000~1만 5000km 거리를 한 번에 비행할 수 있고, 이 수치는 대부분의 공항을 직항으로 연결할 수 있는 성능이다. 즉 둘 다 항로 선택에 제약이 거의 없도록 설계된 것이다. 앞서 "B787은 A380보다 절반 정도 되는 승객을 태울 수 있는 크기지만 A380의 40% 정도의 연료로 비슷한 거리를 날 수 있다"고 말했다. 절반의 승객을 40%의 연료로 비슷한 거리를 비행한다는 것은 결국 승객당 소비되는 연료 역시 고만고만하다는 뜻이다.

승객당 운송비용은 곧 승객 한 명을 태우는 데 드는 비용이므로 비행기의 경제성을 보여주는 대표적인 지표다. 승객당 운송비라는 측면에서, 두 비행기의 효율은 거의 비슷하다. A380은 연료를 많이 쓰는 대신 많은 승객을 태움으로써, B787은 승객을 적게 태우는 대신 연료를 아끼는 전략을 사용함으로써 비슷한 경제성을 달성한 것이다.

이제 상황이 단순해졌다. A380과 B787은 승객 한 명을 비슷한 돈으로 비슷한 거리만큼 실어 나를 수 있는 비행기다. 차이는 단 하나. 한 번에 운송할 수 있는 승객 수, 혹은 비행기의 크기뿐이다.

한 명의 승객을 동일한 거리만큼 이동시키는 데 드는 비용이 비슷하다면, A380처럼 한 번에 여러 명을 옮기는 게 더 나은 것 아닐까? 아니면 B787이 A380보다 승객당 비용이 약간 저렴하니 이게 더 나은 것일까? 자, 이제 공장을 떠나 직접 비행기를 운용하는 항공사에 가서 물어보자. "큰 거 살래요, 작은 거 살래요? 성능은 비슷한데."

항로를 결정하는 두 가지 전략
수요와 비행거리

특정 수요에 맞춰 상품과 서비스를 공급하는 능력은 곧 그 회사의 경쟁력이다. 항공사에게 하늘길은 곧 상품이요, 승객은 시장이므로 항공사 입장에서는 승객들이 원하는 항로를 저렴하게 비행할 수 있는가가 주된 관심사다. 우선 항공사들이 노선을 어떻게 결정하는지 알아보자. 어떤 노선을 원하는지 알아야 어떤 비행기를 살지 알 수 있을 테니 말이다.

사람들마다 제각각 가고 싶은 곳이 다양하다. 인천에서 LA에 가고 싶은 사람, 김포에서 제주로 떠나는 사람, 조금 특이

하게 김해공항에서 양양공항까지 가려는 사람, 청주에서 독일 쾰른에 가려는 사람 등등.

인천에서 LA, 김포에서 제주로 가고 싶어 하는 사람은 아주 많다. 즉 수요가 많은 노선이다. 김해에서 양양이나 청주에서 쾰른까지 가려는 사람은 많지 않다. 자연스럽게 수요가 많은 인천-LA 노선이나 김포-제주 노선은 운항이 시작되었고 가장 붐비는 노선 중 하나가 된다. 그럼 김해에서 양양으로 가고 싶은 사람이나, 청주에서 쾰른으로 가고 싶은 사람은 비행기를 탈 수 없는 것일까? 놀랍게도 김해-양양 노선은 존재한다. 그렇다면 청주-쾰른은 어떨까? 직항이 없기 때문에 청주에 사는 사람은 쾰른으로 떠나기 위해 청주-인천-프랑크푸르트-쾰른 순으로 가야 한다. 지금까지의 이야기를 정리해보면 항로는 수요와 비행거리로 분류가 가능하다.

1. 다수요 & 단거리: 김포-제주
2. 다수요 & 장거리: 인천-LA
3. 저수요 & 단거리: 김해-양양
4. 저수요 & 장거리: 청주-쾰른

1번은 큰 비행기든 작은 비행기든 다 날아다닐 수 있는 구간이다. 수요가 많아서 많은 비행기가 투입된다. 2번은 다수요 장거리 노선으로 대형 항공기의 전문 분야이며 많은 수요를 감당하면서도 장거리를 날아갈 수 있는 대형 항공기가 배정된다. A380은 이 분야에 해당한다. 이런 노선을 주요 공항을 연결한다고 해서 허브투허브hub-to-hub 노선이라 부른다.

3번 노선은 수요가 적게나마 존재하는 경우로, 주로 저가 항공사들이 노리는 노선이다. 공항 이용료가 저렴하고 적은 수의 사람들이 이용하는 소형 공항을 다니기 때문에 포인트투포인트point-to-point 혹은 허브투포인트hub-to-point라고 표현한다. 빈 좌석이 생기면 항공사 입장에서 손해이므로 좌석 수가 적으면서, 적당한 거리를 날아가는 소형 항공기가 이 노선에 투입된다.

문제는 4번 노선이다. 청주에서 쾰른까지 가고 싶은 사람도 분명히 있을 텐데, 왜 청주-쾰른 노선은 없는 것일까? 그 이유는 간단하다. '불가능'하기 때문이다. 거리가 멀어서 큰 비행기를 띄워야 하는데 수요가 적어 큰 비행기를 배정하자니 빈 좌석이 많아지고 결국 표가 너무 비싸지거나 항공사가 손해를 보게 된다. 그렇다고 작은 비행기를 띄우자니, 거리가 멀어 애초에 갈 수조차 없다. 결과적으로 장거리 포인트투포인트 노선은 전세기나 전용기와 같은 특수한 비행편이 아니면 찾아보기 힘들다.

1. 다수요 & 단거리: 허브투허브 - 대형 & 소형
2. 다수요 & 장거리: 허브투허브 - 대형
3. 저수요 & 단거리: 단거리 포인트투포인트 - 소형
4. 저수요 & 장거리: 장거리 포인트투포인트 - 불가능

이처럼 항공 시장에는 수요는 있어도 공급 자체가 '불가능'한 구간이 존재한다. 노선을 결정하는 것은 수요와 공급 '가능성'인 것이다.

3번과 4번은 둘 다 포인트투포인트 노선이지만, 4번은 장거리 노선이라는 이유로 직항편 공급이 불가능하다. 그래서 대구-인천-프랑크푸르트-뮌헨을 이동하는 것처럼 포인트에서 허브로 이동한 후 허브투허브 이동을 하고, 다시 허브투포인트로 이동할 수밖에 없다. 이를 허브에서 가시처럼 다시 뻗어 나가는 모양이라 해서 허브 앤드 스포크 모델hub and spoke model이라고 부른다.

하지만 허브 앤드 스포크 모델에는 문제가 하나 있다. 우리나라 사람들이 해외여행 시 인천공항을 이용하지만 탑승객 대부분이 인천 근처에 살지 않는 것과 마찬가지로, 대부분의 허브 공항 이용 승객들은 허브 근처에 살지 않는다. 즉 항공사에서 서비스할 수 없는 장거리 포인트투포인트 수요가 모두 허브로 몰리게 되고 장거리 허브투허브 노선은 과포화되는

현상이 발생하게 된다. 항공 운송 수요는 더욱 폭발적으로 늘어날 것으로 예측되는 마당에, 허브투허브 노선은 이미 그 수용 한계치에 이른 구간이 많아서 미래 항공 수요를 감당할 대책 마련이 필요한 상황인 것이다.

덜 붐비는 포인트 공항들을 이용하는 단거리 노선들은 문제가 덜하지만, 장거리 노선들이 문제다. 그림의 떡인 장거리 포인트투포인트 노선의 부재로, 장거리 허브투허브 구간의 밀도가 지나치게 높아지고 있는 것. 밀도가 너무 높아지면 비행기가 있어도 띄우지를 못하니 공급에 제한이 생기게 된다.

교통체증을 해결하는 방법은 두 가지다. 하나는 다른 길을 내어 그 길로 차들을 우회시키는 것이고, 다른 하나는 길을 넓히는 것이다. 장거리 노선의 과포화 문제도 비슷하다. 미어터지는 허브투허브 노선을 '막히는 길'이라고 생각하고 위의 해결책을 적용해보자.

첫 번째 방법은 과포화된 허브투허브 노선을 대체하는 새로운 노선을 신설하는 것으로, 이는 곧 불가능했던 장거리 포인트투포인트 노선을 가능하게 하는 것을 의미한다. 또 다른 방법은 허브투허브 노선의 수용력을 높이는 것으로, 비행기의 대당 운송 능력을 증가시키는 것을 의미한다.

앞서 비행거리와 경제성이 비슷했던 A380과 B787의 유일한 차이는 크기였다. 자, 이제 왜 이 두 비행기가 경쟁 구도를 이룬 것인지 윤곽이 잡히기 시작한다.

장거리 포인트투포인트를 비행하려면 크기는 작지만, 멀리 날 수 있는 비행기가 필요했다. 자, 이제 보잉의 노림수가 보이는가! 보잉은 계륵 같던 장거리 포인트투포인트 시장을 개척해 포화된 허브투허브 노선을 피하는 전략을 택했다. 새로운 시장을 개척해 항공 노선계의 블루오션을 경쟁의 각축장으로 끌고 옴으로써 폭발적인 수요를 기대했고, 그 야심을 실현할 비행기로 B787을 내놓은 것이다.

반면 에어버스는 노선 개척보다는 허브투허브 노선 내에서의 해결책을 모색했고 대형 여객기가 날아다니는 허브투허브의 수용력을 높이는 전략을 택했다. 이는 한 번에 많이 실어 나르는 것을 의미한다. 노선이 한 번에 수용할 수 있는 비행기의 '대수'에는 한계가 있으니, 대당 더 많은 사람과 물자를 싣는다면 노선의 수용력이 증가하는 원리다. 이에 에어버스는 '슈퍼 점보기'를 개발하기 시작했고, 그 결과물이 바로 최대 500명을 수용할 수 있고 연비도 훌륭한 초대형 여객기 A380이다.

재미있게도 B787과 A380은 콘셉트부터 다른 비행기지만 같은 장거리 시장에서 치열하게 경쟁을 벌이게 되었다. B787이 기존에 붐비던 허브투허브 노선의 수요를 새로운 노선들로 옮겨버린다면, A380의 상품 가치가 떨어지게 된다. 반면 장거리 포인트투포인트 노선의 반응이 별로 좋지 못하다면, 늘어나는 항공 수요는 허브 노선에 집중될 것이고 결국 A380의 탑승권이 가장 잘 팔릴 것이다.

실제로 B787은 메이저 항공사와 저가 항공사 모두에게 주문을 받았다. '장거리 저가항공'이라는 새로운 개념의 노선을 개척하는 데 성공했고 A380이 다닐 수 없는 작은 공항들에도 취항하며 그 영향력을 확장해나가고 있다. A380 항공기는 에미레이트항공과 같은 메이저 항공사들에 대량으로 판매되었고, 허브투허브 노선에서 맹활약 중이다. 완전히 다른 콘셉트의 항공기가 서로의 시장을 뺏어오는 땅따먹기와 같은 경쟁을 하는 모습이 의외면서 신기할 따름이지 않은가!

18 음속이 가른 두 비행기의 운명

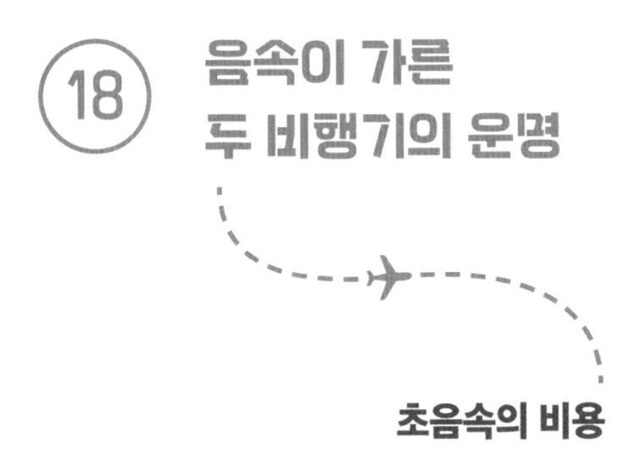

초음속의 비용

우리는 소리보다 빠른 속도로 날았던 초음속 여객기, 콩코드의 이름을 익히 알고 있다. 하지만 콩코드는 더 이상 하늘을 날지 않는다. 콩코드만 없는 게 아니라 세상에는 초음속 여행을 시켜줄 초음속 여객기가 없는 상태다. 장거리 비행에서 느끼는 무료한 시간만큼 여행을 힘들게 하는 게 없는데, 초음속 여객기는 왜 없는 것일까?

마침 초음속 비행과 관련된 재밌는 이야기가 하나 떠오른다. 이 이야기에는 두 주인공이 등장한다. 바로 콩코드와 보잉 747.

비슷한 태생, 다른 운명
콩코드와 보잉747

어디선가 한 번쯤 들어본 이름들 같지 않은가? 실제로 본 적은 없는 것 같아도 '콩코드'라는 이름은 '초음속'이라는 단어와 날렵한 모양의 흰색 비행기를 떠오르게 한다. 747은 더 익숙하다. '점보747', '보잉747' 같은 이름을 들으면 앞머리만 2층인 통통하고 커다란, 몇 번쯤은 타봤을 법한 망둥어를 닮은 거대한 비행기가 머릿속에 그려지곤 한다.

비행기의 대표 이미지로 우리의 머릿속에 각인될 만큼 유명한 이 두 비행기의 이름은 바로 아에로스파시알 콩코드Aérospatial Concorde와 보잉747Boeing B-747이다. 하늘의 전설이라 해도 과언이 아닌 이 둘은 1969년 같은 해에, 불과 한 달 터울로 각각 유럽과 미국에서 첫 비행을 마쳤다. 콩코드는 최초로 초음속 여행을 가능케 한 여객기로 이름을 날렸고, 보잉747은 당대 '가장 큰 여객기', '하늘의 여왕'이라는 별명으로 유명세를 이어갔다.

전설적인 존재였고, 생년이 같다는 점. 사실 이 둘의 닮은 점은 이것뿐이다. 콩코드는 코가 화살촉처럼 날렵했고 이륙할 때면 얄팍한 엔진에서 강력한 불줄기를 토해냈다. 반면 B747의 둥글넓적한 코는 망둥어처럼 순해 보이고 4개의 도톰

이제는 볼 수 없는 초음속 여객기 콩코드(위)와 여전히 활약 중인 보잉747(아래). 두 비행기의 서로 다른 기수 모양은 많은 이야기를 담고 있다.

하고 큼직한 엔진은 널따란 날개 아래 주렁주렁 드리워져 있다. 겉모습도 너무나 달랐던 만큼 이 둘은 공통점보단 차이점이 훨씬 많았다. 그중에서도 눈여겨볼 만한 차이점이 하나 있는데, 바로 B747은 50년이 넘도록 지금까지도 비행 중이지만, 콩코드는 역사의 뒤편으로 사라졌다는 점이다. 같은 해 태어나 깊은 인상을 남긴 둘의 운명이 이렇게 달라지게 된 이유는 무엇일까?

운송 수단이 필요한 근본적인 이유는 우리가 원하는 곳에 가기 위해, 혹은 원하는 곳으로 물건을 보내기 위함일 것이다. 그렇다면 어떤 운송이 좋은 운송일까? 일단 목적지까지 빠르게 가면 좋을 것이고, 거기에 값싸기까지 하다면 더할 나위 없겠다.

하지만 두 마리 토끼를 다 잡는 건 쉽지 않다. 직항 티켓은 경유 티켓보다, KTX는 무궁화호보다 비싸듯, 빠른 속도를 선택하면 그 대가를 지불해야 하는 경우가 대부분이다. 사람들은 시간에 더 큰 가치를 두는 편이기에 사람을 실어 나르는 '여객'은 속도를 추구하게 되고, 반면 물건은 속도를 포기하는 대신 저렴하게 대량으로 운송하는 데 중점을 두게 된다. 화물차와 승용차, 컨테이너선과 비행기를 비교해보면 바로 수긍이 된다.

1950년대에 하늘을 바라봤던 사람들 역시 비슷한 생각을 했던 모양이다. 그들이 생각했던 미래의 하늘 역시 두 부분으로 나뉘었다. 다소 비싸더라도 빠른 속도로 비행하는 항공기는 미래의 여객을 책임지고, 느리더라도 효율적인 항공기는 미래의 화물을 책임지는 설계. 마침 당시 여객기들은 이미 음속보다 조금 느린 속도로 하늘을 쏘다니고 있었고, 음속은 기존의 여객기가 넘을 수 없는 보이지 않는 벽이었다. 그렇다면 여객을 위한 더 빠른 비행기라 함은 자연스럽게 음속 너머로 비행하는 항공기, 즉 초음속 항공기가 될 수밖에 없었다. 반면 미래의 화물을 위한 항공기는? 한 번에 더 많은 화물을 운송해 높은 효율성을 챙길 수 있는, 거대한 점보기였다. 두 항공기의 개발이 시작되자 콩코드와 보잉747에는 각각 '최초의 초음속 여객기', '세계에서 가장 큰 항공기'라는 설렘 가득한 수식어가 따라다니며 세간의 시선이 집중됐다.

사실 짐꾼 태생
보잉747

당시 보잉사는 B747을 개발하더라도 조만간 초음속 여객기가 개발되면 여객기로서의 가치는 곧 사라질 것으로 내다봤다. 따라서 여객기로도 동시에 화물기로도 사용 가능한 비행기를 만들어야 했다. 기왕에 큰 화물기를 만들게 되었으니 제대로 만들자고 생각했던 것일까? 보잉은 기존의 비행기들은 엄두도 못 낼 시원한 화물 적재방식을 적용했다. 고래가 바닷물을 빨아들이듯 비행기 앞쪽으로 큰 문을 내어 컨테이너가 한 번에 들어올 수 있는 통통한 비행기를 구상한 것인데, 그 바람에 앞쪽에 있던 조종실이 2층으로 올라가고 비행기의 기수는 통째로 열리는 커다란 문이 되었다. 우리가 보는 B747이 앞부분만 2층짜리 비행기가 된 데에는 화물기로서의 미래를 염두에 둔 설계가 반영되었던 것이다.

'세계에서 가장 큰 항공기' B747의 개발 소식은 세간에서도 화제가 되었다. 당시 가장 큰 축에 속하는 비행기가 약 180명의 승객을 태울 수 있었는데, B747은 무려 최대 400명을 목표로 삼았다. 거기에 보잉사는 당대 가장 힘이 센 제트엔진 4개를 장착해 무게 370톤에 달하는 비행기를 띄우겠다고 했으니, 당시 사람들에게는 꽤 허무맹랑하게 들렸던 모양이다. 실제로 그 정도 무게를 견딜 수 있는 소재는 지구상에 없다며 B747 개발 소식은 낭설이라는 소문도 있었다고 한다. 하지만 수많은 의심과 기대 속에서도 보잉747은 1969년, 보잉의 에버렛 공항을 나와 힘차게 날아올랐다. 하늘을 유영하는 거대한 B747의 모습은 '하늘의 여왕'으로 군림하기에 충분히 신비로웠다.

초음속 여행의 꿈
아에로스파시알 콩코드

영국과 프랑스의 합작으로 시작된 콩코드의 개발은 기술적 도전이었다. 소리의 벽을 뛰어넘는다는 것은 생각보다 쉬운 일이 아니었다. 음속의 벽을 뚫는 동안 공기의 흐름은 매우 불안정하고, 벽을 뚫기 위해 필요한 힘도 상당하다. 또한 항공기는 음속의 벽을 뚫은 후에도 꾸준히 발생하는 강력한 충격과 뜨거운 열을 견딜 수 있어야 한다. 그리고 무엇보다 초음속 환경을 주기적으로 견디면서도 신뢰할 수 있고 안전성을 보장할 수 있는 '여객기'를 만들어야 한다는 점은 여간 어려운 도전이 아니었다.

음속의 벽을 예리하게 뚫기 위해 콩코드의 기수는 뾰족했고, 날개는 뒤로 젖혀진 삼각형 형태를 띠었다. 빠르게 비행하면서 200℃까지 달아오르는 비행기를 식히기 위해 전체적으로 흰색으로 칠해진 이 비행기는 반신반의하는 사람들을 뒤로하고 음속의 2배인 마하 2.02의 속도를 기록한다. 보잉747의 순항 속도인 마하 0.85보다 2배가 훨씬 넘는 속도로 대서양을 폴짝 건널 수 있게 된 것이다. 항공 기술이 인간이 도달할 수 있는 영역을 한 발짝 확장한 대표적인 사례라 하겠다. 이처럼 미래의 하늘로 나아가는 길은 순탄해 보였다. 하지만 초음속의 하늘은 우리의 예상과는 조금 달랐다.

시간 절약의 가격
초음속의 비용

콩코드는 B747보다 2배 이상 빠른 비행기다. 문제는 B747이 '화물 먹방'을 찍고 있었다면 콩코드는 '연료 먹방'을 찍고 있었다는 것이다. B747이 약 350명을 태울 때 콩코드는 100명 정도만 태울 수 있었고, 동체가 작고 좁고 가벼웠음에도 불구하고 엔진은 굉장히 많은 연료를 소모했다. 결과적으로 콩코드의 승객당 연료 소비량은 B747의 무려 5배가 넘었고, 이는 결국 뉴욕-런던을 연결하는 3시간 반짜리 초음속 편도 비행기표가 800만 원을 호가하는 상황을 초래했다. 속도가 빨라지면 가격이 올라간다지만, 콩코드의 이코노미석이 B747기의 비즈니스석 가격을 넘어버린 상황은 다른 문제였다.

100만 원이면 갈 수 있는 항로를 700만 원이나 더 주고 타기엔 4시간 절약의 가치는 초라해 보였다. 터무니없이 비싼 가격 때문에 콩코드는 일반 여객 승객들로부터 외면을 당했고, 기존에 비즈니스석을 이용하던 사업가나 좌석 업그레이드 서비스를 받는 일부 승객들만이 탑승했다. 이렇듯 콩코드가 일찍이 일반 여객 수요를 포기하게 되면서, 미래의 여객 수요를 포괄적으로 아우르기에는 부족한 면을 드러냈다.

물론 비즈니스 시장에서의 효용성도 여전히 따져봐야 할 문제였다. 콩코드가 미래의 비즈니스 시장을 주도할 수 있을지 판단하기 위해서는 초음속 비행의 가치에 의문을 제기해봐야 한다. 승객들은 같은 가격으로 콩코드의 이코노미석에 앉아 4시간을 절약하는 것과 B747기의 비즈니스석에 앉아 7시간 반을 비행하는 것 중 하나를 선택해야 하는 상황이다. 만약 비행시간을 절반으로 줄여주는 것의 가치가 승객들에게 충분한 이득을 가져다준다면, 콩코드는 비즈니스 시장에서 살아남을 가능성을 점쳐볼 수 있다. 반대로 초음속 비행이 절약해주는 시간이 비즈니스석의 편안함보다 못하다면 콩코드의 존재 이유는 완전히 사라지게 된다. 즉 콩코드가 절약하는 시간의 가치와, 편안함과 저렴함을 앞세운 기존 비행기가 추구하는 가치 간의 비교가 콩코드의 운명을 결정하게 되는 것이다. 어땠을까? 승객들은 초음속 여객에 충분한 매력을 느꼈을까?

전지적 공대생 시점 TMI

경제학 용어 중에 콩코드의 이름이 들어가는 것이 있다! 바로 '콩코드 오류Concorde fallacy'. 영국과 프랑스의 콩코드 개발팀은 초음속 여객기가 시장성이 없다는 것을 개발 중 알게 되었지만, 지금까지 투자한 비용이 아까워서 개발을 강행했다. 결국 콩코드는 실패했다. 이후 이미 투자한 비용에 집착해 합리적 판단을 내리지 못하는 것을 '콩코드의 오류'라고 부르게 되었다. '매몰비용의 오류'라고도 한다.

특별한 여정과 시간의 가치
아직은 특별한 비행

비행기를 탄다는 건 꽤나 번잡한 일이다. 버스 터미널만큼 공항이 곳곳에 있는 것도 아니고, 다른 탈것에 비하면 탑승 수속도 까다롭다. 그런데 이 시간과 수고가 아깝지 않게 느껴질 때는 언제일까? 바로 '먼 길을 나설 때'가 아닐까? 자동차나 기차로 가기엔 먼 곳일 때 비행은 빛을 발한다. 또한 먼 길을 나선다는 것은 그 자체로 특별한 경우가 많다. 비행기를 타야 할 정도로 멀리 간다는 것은 많은 사람에게 여행, 이민, 중요한 출장 등 '특별한' 여정을 의미하니까. 즉 사람들에게 비행기를 타는 것은 특별한 일이다. 특히 대양을 건널 정도의 장거리 비행이라면 더더욱. 이런 특별한 여정에 사람들은 상당한 시간을 투자할 각오를 하기 마련이다. 비행에 소요되는 시간은 특별한 여정에 투자할 만한 시간이라는 뜻이 된다.

그래서인지 비행기를 이용할 때는 몇십 분 정도의 비행시간 차이에 크게 연연하지 않는다. 대신 우리가 정말 중요하게 여기는 숫자는 따로 있다. 항공권 구매 사이트에 들어가면 가장 크게 보이는 숫자, 바로 항공권의 가격이다.

콩코드는 전체 비행시간을 절반으로 줄일 정도로 비행시간 단축에 있어서는 괄목할 성과를 거둔 것이 사실이다. 그러나 콩코드가 절약한 시간은 '특별한 여정'을 떠나는 승객들에게는 '생각보다' 큰 매력이 되지 못했다. 몇 배나 뛰어오른 가격의 여파가 시간 절약의 가치를 가볍게 뛰어넘어버렸기 때문이다. 이코노미 승객은 물론이요, 콩코드와 비슷한 비용을 지불하는 비즈니스 승객들에게도 좁은 좌석에서 낮잠 시간 정도의 여정을 보내는 것보다 편안한 좌석에서 밤잠 시간을 활용하는 것이 '특별한 여정'을 보내는 더 매력적인 방법으로 다가왔다. 콩코드의 빠른 속도가 절약한 시간의 가치는 음속 돌파의 대가를 뛰어넘지 못했다.

만성 적자에 시달리던 콩코드는 설상가상으로 이륙 중 엔진에서 발생한 화재로 추락하는 대형 사고까지 터지게 된다. 결국 2001년 고별 비행을 마지막으로 콩코드가 역사 속으로 사라지면서 미래 여객 방식의 유력 후보였던 초음속 여객은 짧은 시간을 뒤로한 채 빛이 바랬다. 대신 폭발적으로 증가하는 여객 수요는 고스란히 B747의 몫이 되었다. 최대 판매량 400대 정도로 예상됐던 B747은 지금까지 1500대 이상이 생산되었고, 첫 비행 이후 50년이 지난 지금도 하늘을 누비고 있다. 이렇게 B747은 화물기와 여객기의 역할을 모두 해내며 '비행기'의 대명사가 되었다.

콩코드와 B747은 특이한 기수 모양으로도 유명하다. B747은 둥근 2층짜리 기수, 콩코드는 여객기 중에서는 유일하게 날카로운 기수를 가진 여객기였다. 그 둘의 상징적인 뾰족한 코와 둥근 코의 모양에는, 과거 하늘길을 바라보았던 시선과 음속 그리고 비행시간의 가치에 대한 이야기가 녹아 있다. 공항에서 B747을 보게 된다면 날렵했던 콩코드도 함께 떠올려보는 것도 재밌는 일이 되지 않을까.

전지적 공대생 시점 TMI

비행 속도를 높여 시간을 절약하는 것보다 항공권을 조금이라도 싸게 공급하는 것이 소비자들에게 더 매력적이라는 사실을 아는 항공사들은 비행기를 연료를 가장 적게 소모하는 경제속도에 최대한 맞춰서 운항한다. 이 경제속도는 비행기가 비행할 수 있는 최대 속도보다 꽤 느린 편이다. 실제로 거의 모든 노선의 비행시간이 과거에 비해 증가했다고 한다. 일례로 뉴욕-LA 구간은 1967년에는 5시간 43분 걸리는 항로였지만, 2017년에 이르면서 6시간 27분으로 늘었다. 항공기의 성능은 훨씬 좋아졌지만, 속도는 더 느려진 것이다.

19 비행기가 대양을 건너기까지

엔진 개수의 비밀

액션 영화에 비행기가 나왔다 하면 꼭 엔진 하나는 고장이 난다. 그만큼 비행 중 엔진이 정지하는 일이 두려운 상황이라는 뜻일 것이다. 아무리 잘 만든 엔진일지라도 하늘에서 고장 날 가능성을 배제할 수는 없는 일이다. 그렇다면 엔진을 많이 달고 있는 비행기가 더 안전할까? 엔진 4기짜리 항공기는 엔진 하나만 고장 나도 25%의 추력만을 잃는 반면, 엔진 2개짜리 항공기는 한순간에 절반의 추력을 상실하는 셈이니 말이다.

하지만 공항에서 본 비행기들을 떠올려보면 대부분 엔진이 2개짜리였던 것 같다. 엔진 3개짜리는 보이지도 않고, 4개짜리는 우리가 흔히 점보 여객기라 부르는 거대한 비행기에서나 볼 수 있달까? 큰 엔진 2개보다 작은 엔진 4개를 장착하는 게 좀 더 안전할 것 같은데, 엔진 둘만 달랑 믿고 14시간씩 비행하는 것은 어디서 나온 자신감일까?

"처음엔 자신 없었지…"
60분 규칙

자동차나 기차는 긴급한 상황이 닥치면 바로 정지할 수 있지만 하늘에 있는 비행기는 아무리 만신창이가 되었어도 착륙하기 전까진 꾸준히 날아야 한다. 이 때문에 항공기 근처에 공항이 얼마나 가까이 있는지는 예전부터 매우 중요한 사안이었다. 1953년, 미국 연방항공청(FAA)은 "엔진 3개 이하 항공기의 항로는 공항으로부터 100마일(약 160km) 이내에 있어야 한다"는 규칙을 만들었다. 엔진 하나가 고장 났을 경우 100마일을 가는 데 대략 1시간 정도 걸린다고 해서 '60분 규칙'이라는 이름이 붙었는데, 이는 비행 중 엔진 고장을 염려한 안전조치의 일환이었다.

전지적 공대생 시점 TMI

물론 엔진이 애초에 고장 나지 않는 것이 가장 이상적이지만, 설령 엔진이 고장 난다고 하더라도 비행기가 안전하게 비행하고 착륙할 수 있어야 한다. 실제로 우리가 타는 여객기는 엔진 하나가 고장 나더라도 착륙과 상승이 가능하도록 설계되어 있다. 물론 여전히 비상 상황이지만.

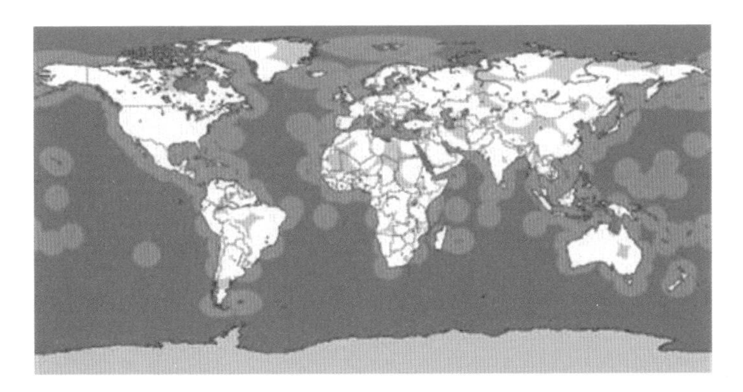

밝은 부분이 60분 규칙으로 비행할 수 있는 구역. 60분 규칙이 지배하는 하늘은 별로 넓지 않다.

하지만 이 규칙에는 문제가 하나 있었다. 바로 비행기를 타고 대양을 건널 수가 없었던 것. 바다에는 공항이 없고 1시간 안에 대서양이나 태평양을 건널 수 있는 비행기 역시 없기 때문이다. 특히 미국과 유럽을 연결하는 북대서양은 노선계의 노른자였음에도 포인트투포인트 노선을 연결할 엔진 2개짜리 작은 비행기를 띄울 수가 없었다. 또한 하와이 같은 대양 한가운데의 섬들은 큰 비행기 말고는 날아올 방법이 없어 상대적으로 고립되기까지 했다.

60분 규칙을 피하기 위해서는 엔진 4개짜리 점보기를 사용하거나 비행기에 작은 엔진 여러 개를 다는 방법밖에 없었는데, 아쉽게도 둘 다 좋은 해결책이 되지는 못했다. 엔진 4개짜리 점보 비행기는 수요가 많은 노선이 아니면 좌석도 다 채우지 못한 채 적자만 기록하기 일쑤였기에, 바다 건너 작은 공항을 연결하는 것은 불가능했다. 그렇다고 작은 비행기에 작은 엔진 여러 개를 장착하자니 연비가 낮아지고 유지비는 증가해 너무 비효율적이었다. 이처럼 60분 규칙은 대양 횡단 항로를 만드는 데 큰 장애물로 작용했다(미국은 연방항공청의 60분 규칙을 따르고 있었고, 미국 외의 국가들은 국제민간항공기구의 90분 규칙을 따랐다).

1960년대에 접어들면서 우리가 흔히 타는 '제트 여객기' 시대가 열렸고, 기술이 발달해 엔진의 고장률도 현저히 낮아졌다. 일각에선 1950년대에 만들어진 60분 규칙을 완화해야 한다는 목소리가 높아졌고, 이에 부응해 엔진 수가 적은 비행기들의 비행구역을 제한하는 규제가 완화되기 시작했다. 일단 한 번에 모든 제약을 풀 수는 없으니 단계적으로 엔진 3개까지는 60분 규칙에서 자유롭게 풀어주었다. 아니나 다를까, 항공기 제작사는 기존 점보기보다는 조금 작으면서 엔진은 3개를 사용해 바다를 횡단할 수 있는 삼발항공기Tri-jet를 신나게 만들어냈다. 삼발항공기들이 대양의 상공을 점차 수놓기 시작했다.

이때부터 엔진 3개와 4개짜리 대형 항공기들은 바다를 건너는 항로에서 활약하고, 쌍발항공기는 육지 위를 날아다니며 작은 공항들을 연결하는 구조가 형성되었다. 이렇게 삼발항공기의 전성시대가 시작되면서 하늘길은 조금 상황이 나아지는 듯했지만 여전히 쌍발항공기들은 갈증을 느꼈다. 바다 너머 멀리 날 수 있는 성능을 갖췄음에도 자신의 재능을 펼치지 못하는 안타까운 상황이 이어졌던 것이다. 하지만 안전을 생각하면 무작정 규제를 풀 수는 없는 노릇. 엔진 고장이 흔한 일은 아니라고 해도, 만약 고장 나기라도 하면 쌍발항공기로서는 치명적이기 때문에 신중할 필요가 있었다. 재능이 있다는 것은 부정할 수 없지만, 그 재능을 확실히 믿을 수 있을지 모르는 상황. 그렇다면… 시험을 보면 되지 않을까?

쌍발항공기 전성시대
ETOPS

쌍발항공기들의 안타까움을 해소하기 위해 몇 가지 조건을 통과한 쌍발항공기에 특별한 인증을 주어 공항으로부터 더 먼 곳까지 비행을 허가해주는 제도가 시행되었다. 이 제도의 이름은 바로 ETOPSExtended Twin-engine Operational Performance Standards다. 긴 이름이지만, 결국 엔진 2개로도 멀리 날 수 있게 해주겠다는 뜻을 담고 있다. 1985년에 비로소 ETOPS가 시행되었다. 처음에는 공항에서 120분 떨어진 곳까지 허가해주었는데, 그

덕에 쌍발항공기들을 위한 북대서양 항로가 처음으로 열리기 시작했다. 120인승의 꼬마 여객기가 용감무쌍하게 대서양을 건너 뉴욕과 런던을 연결하기 시작한 것!

북대서양 항로가 열린 것만으로도 엄청난 변화였지만, ETOPS 120분만으로는 여전히 대서양 중심부나 태평양을 통과하는 항로를 계획하는 데는 제한이 있어 약간의 갈증은 남은 상태였다. 게다가 하와이는 여전히 외톨이 신세. 시간이 조금 더 흘러 이를 지켜보던 미국의 항공기 제작사 보잉은 점보기에 맞먹는 대형 쌍발항공기 보잉777을 만들어낸다. "쌍발항공기가 작으란 법 있냐! 엔진 2개로 태평양을 건너게 해주마!"라는 야심을 드러내며 마침내 ETOPS-180, 그러니까 공항으로부터 3시간(180분) 거리까지 비행할 수 있는 허가를 받기에 이른다.

ETOPS-180의 의미는 대단했다. 공항들로부터 3시간 거리의 원을 그리면 전 세계의 95%를 아우를 수 있다. 이는 곧 쌍발항공기로 세계 어디든 비행할 수 있는 시대가 도래했음을 의미한다. 비행기의 크기에 관계없이 어느 공항이든 연결할 수 있다는 것은 하늘길이 증가해 항공 산업의 폭발적인 성장의 기반이 마련되었음을 암시한다. 공항으로부터 더 멀리 비행하는 것만으로도 항공 산업의 발전이 찾아왔다니, 거창해 보이지만, 실제로 거창했다.

공항으로부터 3시간 거리까지 자유롭게 비행할 수 있는 보잉777. 가장 큰 쌍발항공기다.

항로의 수요에 부응하는 크기의 쌍발항공기들이 활약하면서 연료를 많이 쓰는 기존의 삼발항공기와 사발항공기는 역사의 뒤안길로 물러나기 시작했다. 그중에서도 효율이 낮은 삼발항공기는 빠르게 자취를 감췄고, 점보기 생산량도 줄어들었다. 엔진의 신뢰도 문제로 한동안 대륙에 묶여 있던 쌍발항공기들의 세상이 온 것이다!

쌍발항공기의 세상에서 일어난 가장 큰 변화는 작은 비행기들도 바다를 건너기 시작했다는 것이다. 수요가 많지 않아서 큰 비행기를 띄울 수 없었던 바다 건너 항로까지 작은 비행기들이 연결하기 시작했다. 작고 경제적인 항공기들이 더 많은 노선을 누비면서 하늘길을 밀도 있게 메워갔다. 하늘이 정말로 넓어진 것이다.

항공사들이 수요가 적은 먼 거리의 항로를 다닐 수 있도록 해주는 고효율 여객기들은 장거리 비행을 위해 매우 큰 ETOPS 값을 획득하고 있다. 대표적으로 보잉787은 쌍발항공기였지만 ETOPS-330을 얻어내며 세계 어디든 직항으로 비행할 수 있게 되었고, 비슷한 시기에 개발된 에어버스의 A350은 무려 ETOPS-370을 얻어 열심히 온 지구를 누비고 있다.

안전성과 경제성은 반비례한다는 이야기를 심심찮게 듣는다. 안전에 신경 쓰다 보면 비용이 올라가고, 비용을 줄이다 보면 위험해진다는 의미일 것이다. 하지만 안전성을 높여 숨어 있던 잠재력이 뿜어져나온 사례가 있다면, 바로 ETOPS에 대한 이야기가 아닐까?

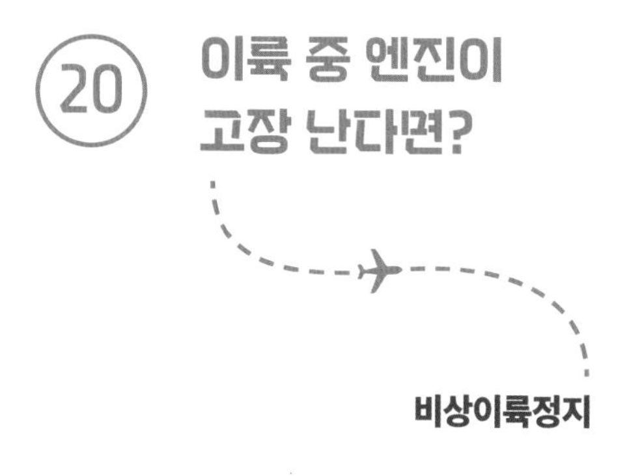

20 이륙 중 엔진이 고장 난다면?

비상이륙정지

친구들과 식당에 가면 메뉴를 고르는 데 한참 걸리는 친구가 꼭 한 명은 있다. 고백하자면 나 또한 그 부류다. 메뉴판을 펼쳐놓고 어느 게 더 만족감을 줄지 고민하며 이 메뉴 저 메뉴 열심히 따져보다가 결국에는 직관에 의지해 아무거나 고르길 여러 번.

짜장이냐 짬뽕이냐 정도의 고민쯤이야, "오늘 짜장 먹고, 내일 짬뽕 먹지 뭐"라며 웃어넘길 만한 가벼운 일이다. 하지만 세상에는 훨씬 어려운 결정들이 한가득 있다. 특히 결정의 여파가 클수록, 그리고 결정할 대상에 대해 아는 게 적을수록 우리는 가슴을 졸이며 시간을 끈다. 슬픈 점은 중요한 결정이라고 꼭 많은 시간이 주어진다는 보장은 없다는 것. 가뜩이나 중요한 결정을 내려야 하는데 시간까지 부족하다면, 우리의 판단력은 흐려지게 되고 결과의 신뢰도도 낮아지기 마련이다.

제한된 시간 안에 중대한 결정을 내려야 하는 순간들의 집합. 바로 '비행'이 아닐까? 빠르게 움직이는 비행기 안에서 일어난 순간적인 판단 착오는 치명적인 결과로 이어질 수 있다. 특히 시시각각 위치를 바꾸는 비행기가 단단한 지면 근처를 스치듯 지나가는 이착륙 단계에서는 급박하고 중요한 결정을 내려야 하는 경우가 많다. 그중에서도 이륙과 관련된 심장이 쫄깃해지는 시나리오를 하나 다뤄볼까 한다.

순간의 판단이 모든 것을 좌우한다

우리는 이륙하기 위해 활주로를 내달리고 있는 비행기의 조종실에 있다. 속도가 점점 빨라지고 날개가 비행기를 들어 올리기 시작하면서 바퀴가 활주로를 짓누르는 무게는 차츰 가벼워진다. 활동 무대를 땅에서 하늘로 옮기기 직전, 갑자기 한쪽 엔진이 맥없이 멈춰버리고 조종실은 경고음으로 가득 찬다.

엔진 없이 비행하는 것은 너무 위험하다. 브레이크를 잡고 멈출까? 아, 창밖을 보니 활주로 끝이 어렴풋이 보이는 것 같다. 활주로가 얼마 남지 않았으면 멈추지 못하고 활주로 밖으로 튕겨 나갈 수도 있다. 그냥 이륙할까? 아니, 엔진이 고장 났으니 속도를 더 낼 수 있을지도 의문이다. 그냥 멈춰야 할까? 우리가 고민하는 이 순간에도 남은 활주로 길이는 초당 80m씩 짧아지고 있다. 자, 여러분은 멈출 것인가? 그냥 이륙할 것인가?

생각해보면 문제 자체가 어렵지는 않다. 컴퓨터도 있겠다, 현재 비행기의 속도와 제동 성능을 알면 비행기가 멈추는 데 필요한 거리 정도는 쉽게 계산할 수 있다. 그리고 못 멈추겠다 싶으면 이륙하고, 아니면 멈추면 된다. 하지만 진짜 문제는 이럴 시간이 없다는 것이다. 0.1초도 아까운 상황에서 "멈출 수 있는가?"라는 질문은 풀기 너무 어려운 문제다. 시간을 늘릴 수는 없으니 짧은 시간에 결정할 수 있도록 문제를 좀 쉽게 바꿀 필요가 있다. 우리는 '같다/다르다', '크다/작다'처럼 하나의 기준을 두고 한쪽을 고르는 작업은 빠르게 할 수 있다. 그렇다면 비행기를 멈출지 이륙할지도 분명한 기준이 있으면 문제가 해결된다. 이 기준보다 크면 이륙하고, 작으면 멈춘다. 이렇게 하면 결정이 한결 가벼워지지 않겠는가!

Go/Stop의 기준
이륙결심속도

이륙을 강행하기로 결정했다면 일부 엔진의 고장으로 비행기가 잘 가속되지 않는다는 점을 염두에 둬야 한다. 즉 남은 활주로 안에서 비행기를 이륙 가능한 속도까지 가속할 수 있는지를 따져보는 것이 중요하다. 반대로 이륙을 포기하고 비행기를 정지하기로 결정했다면 남은 활주로 안에서 안전하게 멈출 수 있는지를 따져봐야 한다.

아무래도 비행기가 느릴수록 멈추기는 더 쉽다. 즉 고장이 발생했을 때의 속도가 느리다면 정지하는 것이 안전한 선택이다. 반대로 활주로를 달린 지 시간이 꽤 흘러 속도가 붙은 상황이라면 무리하게 감속했다가 육중한 무게가 가진 속도를 다 줄이지 못하고 활주로 밖으로 튕겨 나갈 수도 있다. 너무 빠르면 멈출 수 없다는 언뜻 당연한 이 말은 곧 비행기가 정지할 수 있는 '최대 속도'가 존재한다는 말이 된다. 문제 발생 시의 속도가 이 최대 속도보다 느릴 때만, 비행기는 정지할 수 있다.

이륙하는 경우는 어떨까? 엔진이 고장 났을 때의 속도가 이미 충분히 빨랐다면 줄어든 추력으로도 이륙을 감행해볼 여지가 있다. 반대로 활주를 시작한 지 얼마 안 된 시점에 엔진이 고장 나 속도가 느린 상태라면? 비행기는 무거운 몸을 힘으로 엉금엉금 끌고 가다가 결국 이륙하지 못할 가능성이 크다. 정리하면, 줄어든 추력으로도 이륙을 보장할 수 있는 '최소 속도'가 있다는 말이 된다. 그리고 문제가 발생했을 때의 속도가 이 최소 속도보다 빨라야만 '이륙 강행'을 고려해볼 수 있다.

한편 정지할 수 있는 최대 속도와 이륙을 보장하는 최소 속도는 비행기의 무게에 영향을 받는다. 비행기가 무거우면 무거울수록 비행기를 정지시키기도, 또 엔진으로 끌어 이륙시키기도 어려워지기 때문이다. 따라서 무게가 늘어날수록 비행기를 정지시키기 힘들어지니 최대 정지 보장 속도는 작아지고, 같은 이유로 최소 이륙 보장 속도는 커지게 된다. 말로 하니 너무 복잡하다! 다음 쪽의 그래프를 보자.

검은색 선은 비행기가 이륙할 수 있는 고장 발생 당시의 속도를 나타낸다. 무게가 무거워질수록 줄어든 추력으로 비행기를 띄우기가 힘들어지니, 고장 났을 때의 속도가 더 빨라야 이륙이 가능해지는 것이다. 빨간색 선은 비행기가 정지할 수 있는 최대 속도를 표시하는데, 무거워질수록 비행기를 멈추기가 힘드니, 고장 발생 당시의 속도가 작아야 안전한 정지를 보장할 수 있음을 나타낸다.

비행기의 속도가 검은색 선보다 위에 있을 때 비행기는 활

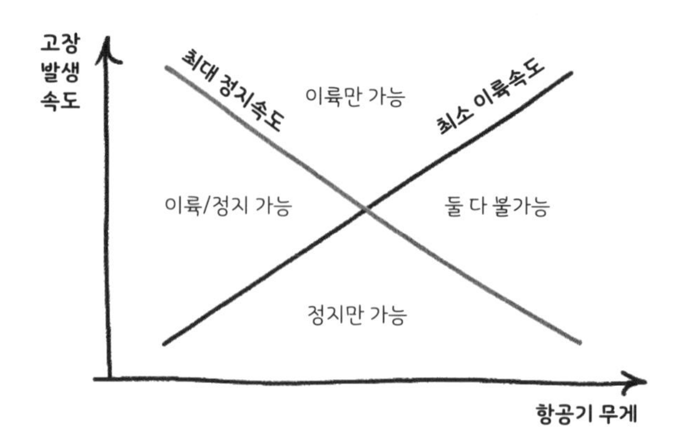

검은색 선 위의 부분은 이륙할 수 있는 구간, 빨간색 선보다 아래 부분은 정지할 수 있는 구간이다.

주로가 끝나기 전에 이륙할 수 있고, 빨간색 선보다 아래 있을 때만 안전하게 정지할 수 있다. 이 점을 염두에 두고 그래프를 보면, 그래프의 왼쪽 부분은 이륙과 정지 둘 다 선택지가 되는 이상적인 지점임을 알 수 있다. 즉 비행기가 가벼울수록 고장이 나더라도 정지나 이륙을 할 수 있는 여지가 많아진다는 것을 의미한다.

반면 두 선이 만나는 점보다 비행기가 더 무겁다면(그래프의 오른쪽), 비행기가 고장 났을 때 이륙도 정지도 할 수 없는, 무조건 활주로 이탈로 이어지는 구간에 비행기가 빠질 수 있다. 비행기가 고장 나면 바로 사고로 이어지는 매우 위험한 경우이므로, 두 선이 만나는 지점에서의 무게보다 가벼울 때만 비행기는 해당 활주로에서 이륙할 수 있도록 제한을 받는다.

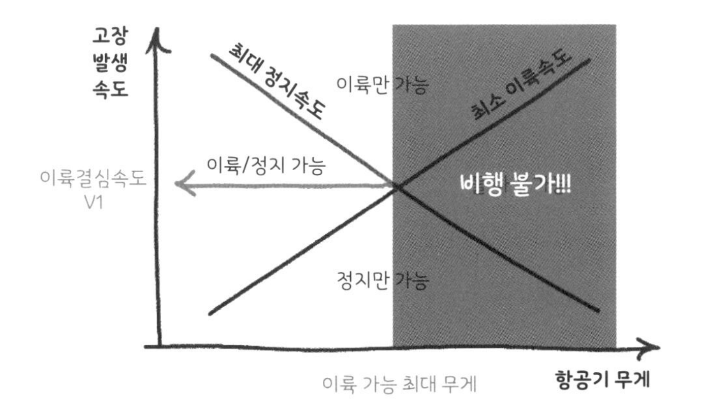

드디어 이륙결심속도가 등장!

비행 가능한 무게 범위 내에서만 살펴본다면 이제 재밌는 지점이 보이기 시작한다. 두 선이 만나는 지점에서의 속도보다 빠르면 이륙하고 이 속도보다 느리면 정지하는 것으로 약속한다면, 비행기는 언제나 안전한 선택을 내릴 수 있게 된다. 위쪽은 이륙이 가능한 구간, 아래쪽은 정지가 가능한 구간이기 때문이다! 이 속도를 최대 정지속도와 최소 이륙속도가 만

전지적 공대생 시점 TMI

조종사의 반응 시간도 V1을 결정할 때 고려된다. 흥미로운 점은 반응 시간이 문제 발생 후 딱 3초 정도라는 것인데, 조종사가 첫 1초 동안 상황을 인지하고 나머지 2초 동안 엔진 출력을 내리고 항공기 제동과 관련된 장치를 가동한다고 가정한다. 상황 인지, 판단, 그리고 결정 이행까지 총 3초 안에 이루어져야 하므로, 조종사의 순간 판단 능력이 얼마나 중요한지 보여주는 부분이다.

나는 지점의 속도, 이륙결심속도 V1(브이원)이라고 한다. 비행기의 이륙 여부를 결정하는 아주 중요한 기준 속도가 이렇게 마련된 것이다.

최단시간 안에 내리는 최선의 선택

이제 이륙 중 문제가 발생하더라도 남아 있는 활주로의 길이를 보며 조마조마할 필요가 없다. 단순히 이륙결심속도인 V1보다 빠른지 느린지만 판단하면 된다. 조종사는 활주로를 내달리고 있는 비행기의 속도계를 계속 바라본다. 비행을 곤란하게 하는 어떤 일이 발생했을 때, 속도계의 속도가 V1보다 작다면 조종사는 그 즉시 브레이크를 잡고, 엔진의 출력을 내려 비행기를 급정지시킨다. 반면 V1 속도를 지나친 상태에서 문제가 발생했다면 조종사는 엔진의 출력을 그대로 둔 채 비행기를 계속 가속시켜 이륙한다.

비행기가 이륙결심속도에 다다르면 항공기(또는 다른 조종사)가 조종사에게 "V1!"이라고 음성 알림을 주도록 되어 있다. 이때 V1 알림을 받은 조종사는 엔진 추력 조절 장치에서 아예 손을 떼어버린다. V1이라는 알림은 무조건 이륙하라는 뜻이니, 실수로라도 엔진 추력을 줄이지 않기 위한 조치라고 한다.

꼭 이륙이 아니더라도 신속하게 최선의 결정을 내려야 하는 상황은 비행 전 과정에 걸쳐 분포해 있다. 그런 상황에 사용할 기준점들 역시 다양하게 마련되어 있다. 순항 도중 문제가 생겼을 경우 이륙한 공항으로 돌아갈 수 있는지 여부를 알려주는 지점인 귀환불능지점point of no return(PNR), 착륙 여부를 결정하는 고도인 결심고도decision height(DH) 등이 그 예시다. PNR을 지나면 연료 부족으로 돌아올 수 없으니 대체 공항에 착륙해야 하며, DH까지 하강했는데 활주로가 보이지 않거나 착륙에 문제가 있다면 비행기는 더 이상의 접근을 포기하고 무조건 다시 떠올라야 한다.

이처럼 비행과 관련된 결정들은 안전에 영향을 줄 정도로 중요하지만 동시에 시간적 여유를 허용하지 않는다. 비행 중 맞닥뜨린 비상 상황에서 아까운 시간을 낭비하지 않고 최선

전지적 공대생 시점 TMI

V1이 있으면 V2도 있을까? 그렇다. 실제로 V로 표시하는 중요 속도들의 종류는 다양한데, 그중 이륙에 필요한 속도는 크게 세 가지가 있다. 이륙결심속도인 V1, 기수를 들기 시작하는 속도인 VR, 이륙속도인 V2다. V1을 지나며 이륙을 결심하고, VR을 지나면서 "로테이트Rotate!"라고 외치며 조종사는 비행기의 기수가 하늘을 향하게 한다. 양력이 강해지며 비행기가 떠오르기 시작하고 V2에 도달하면 비행기는 안정적으로 하늘에 몸을 맡기게 된다. 이후 속도와 고도가 모두 증가하는 것이 확인되면 "포지티브 레이트Positive rate!"라는 말과 함께 조종사는 착륙 바퀴를 접어 넣는다.

의 선택을 할 수 있도록 전문가들은 이미 많은 고민을 해놓았다. 그 결과 다양한 시나리오에서 빠르고 효율적으로 결정 내릴 수 있도록 조종사를 보조하는 기준치와 매뉴얼이 탄생했다. 이런 철저한 준비 덕분에 우리가 마음 놓고 비행기를 탈 수 있는 게 아닐까 생각해본다. 앞으로 짜장 짬뽕도 기준을 마련해보는 게 좋겠다. 어떤 기준을 써야 할까? 날씨? 메뉴판 페이지 수의 홀짝? 역시, 세상에서 제일 어려운 문제임이 틀림없다.

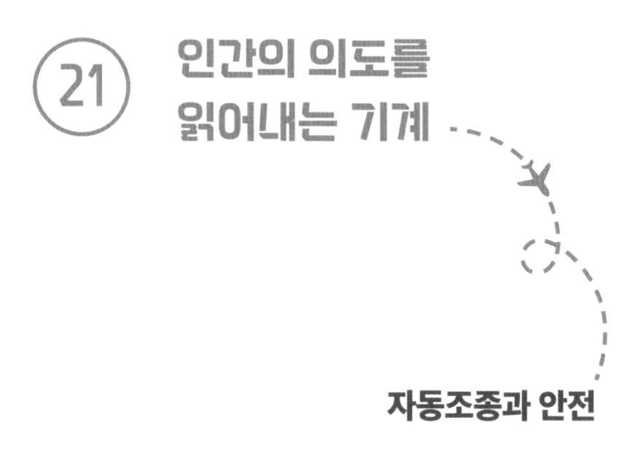

21 인간의 의도를 읽어내는 기계

자동조종과 안전

조종사를 무시한 비행기?
에어프랑스 2510편

2012년 3월 28일, 프랑스 파리를 출발해 독일 함부르크로 향하던 에어프랑스 2510편(AF2510)은 짧은 여정을 마치고 착륙을 위해 함부르크 공항 23번 활주로로 접근하고 있었다. 2510편은 활주로에서 송신되는 신호를 받아 착륙하는 자동착륙을 진행하고 있었고, 이제 수 분 이내로 착륙할 예정이었다.

그 시각, 같은 공항에 착륙한 또 다른 비행기 에어베를린 6660편(AB6660)은 유도로를 이동하고 있었다. AB6660편이 게이트로 향하기 위해선 AF2510편이 착륙 중인 활주로 23번

에어프랑스 AF2510편에 투입되었던 에어버스사 A320 항공기.

을 건너야 했다. AB6660편은 23번 활주로 옆 유도로에서 AF2510편이 착륙을 마칠 때까지 대기했다. 하지만 여기서 문제가 발생했다. AB6660편이 정지한 위치는 AF2510편이 적정 강하고도를 유지하기 위해 참조하는 신호를 송신하는 안테나 바로 앞이었던 것. AB6660편의 잘못된 위치 선정은 AF2510편에 신호 간섭을 일으켰고 사건이 터지고 말았다.

AF2510편이 신호에 의지해 서서히 고도를 낮춰가던 도중 갑자기 비행기의 고도가 너무 높다는 신호가 감지되었다. 신호 간섭으로 인한 잘못된 신호였다. 이를 알지 못한 조종사는 신호에 따라 비행기가 더 빠르게 하강하도록 조종했고, 비행기는 정상 고도보다 낮게 비행하기 시작했다. 이로부터 1분이 채 지났을까? 이번엔 갑자기 비행기의 고도가 지나치게 낮다는 신호가 잡히기 시작했다. 이상함을 감지한 조종사는 급히 하강을 멈추고 고도를 약 30초간 유지하며 상황을 살폈다. 그런데 웬걸, 고도를 유지하는데도 비행기가 더 낮아지고 있다는 신호가 잡히더니 급기야 계기판 표시 범위를 벗어나버리는 게 아닌가? 만약 이 정보가 사실이라면 심각한 상황이었다. 놀란 조종사들은 착륙을 포기하기로 결정하고 신속한 상승을 시도했다.

기장은 비행기를 상승시키기 위해 조종간을 당겼고 비행기의 기수는 빠르게 들어올려졌다. 하지만 낮은 고도에서 탈출하겠다는 상황에 집중했던 탓일까? 기장은 엔진 추력을 올리지 않았고 낮은 추력으로 껑충 떠오르려던 비행기의 속도는 빠르게 줄어들기 시작했다. 대략 시속 280km에서 상승을 시작한 비행기는 10초도 안 되는 사이에 속도가 시속 224km로 줄어들었고 기수는 22도 위를 바라보고 있었다. 위험한 속도에 위험한 자세였다. 이 상태에서 속도가 더 낮아진다면 날개는 힘을 잃을 것이고 비행기는 맥없이 땅으로 곤두박질칠 것이 뻔했다. 조종실에는 "속도!SPEED!"라는 경고음이 울리기 시작했다.

그 순간, 계기판에 "알파 플로어A FLOOR"라는 글자가 표시되며 AF2510편에 보이지 않는 구원의 손길이 닿기 시작했다. 기수는 주춤하며 살짝 내려졌고 엔진은 최대 추력을 향해 힘을 내기 시작했다. 빠르게 감소하던 비행기의 속도는 최저 한계속도 부근에서 더 이상 낮아지지 않았다. 곧이어 증가한 추력과 기장의 회복기동으로 비행기는 정상 속도로 돌아와 안정적으로 상승하기 시작했다. 이후 재차 착륙을 시도한 AF2510편은 무사히 지상에 안착할 수 있었다.

안전하게 착륙하는 데 성공했지만, 실상은 추락 직전의 상황까지 갔던 AF2510편의 에피소드는 '심각한 준사고serious incident'로 분류되어 세밀한 조사를 받게 된다. AF2510편을 위험에 처하게 만든 일차적 요인은 유도 신호의 간섭이었다. 하지만 추락의 직접적인 원인이 될 뻔했던 상황은 그 뒤에 있다. 바로 비행기를 갑작스럽게 상승시켜 날개가 양력을 잃을 위험에 처한 순간이다. 다행스럽게도 위험을 감지한 비행제어 컴퓨터가 알파 플로어라는 기능으로 조종에 직접 개입해 비행기를 안정시켰고, AF2510편은 추락의 위험에서 벗어날 수 있었다. 즉 AF2510편의 무사 귀환은 위험한 순간에 절묘하게 개입한 비행제어 컴퓨터 덕분이라고 해도 과언이 아닌 것이다.

컴퓨터가 이렇게 대견할 수도 있을까! 조종사의 실수를 비행기의 컴퓨터가 직접 막아내다니, 다행스러운 일이면서 한편으론 신기하기도 하다. 그런데 한 가지 의문이 생긴다. 추락의 위험이 감지될 때 비행제어 컴퓨터가 개입하면, 조종사의 조종 명령 중 비행기를 위험에 빠뜨리는 명령은 무시되거나 억제된다. 그런데 이렇게 비행제어 컴퓨터가 조종사의 명령을 강제로 무시해도 되는 걸까? 조종을 강제할 수 있는 컴퓨터가 만약 잘못 판단하기라도 한다면 큰일 아닌가? 비행제어 컴퓨터와 조종사는 어떻게 협업할 수 있는 것일까? 자동조종 장치가 하는 일은 무엇인지, 조종사와 어떻게 협업을 하는지 이야기해보자.

전지적 공대생 시점 TMI

알파 플로어란? 바람이 불어오는 방향과 날개가 이루는 각도를 받음각이라 하고, 항공공학에서는 이 각도를 그리스 문자 알파alpha로 표현하곤 한다. 받음각은 비행기의 날개가 만들어 내는 양력의 크기를 결정하는 중요한 변수다. 이 받음각이 일정 각도 이상으로 커지게 되면 양력이 급감하는 실속 현상에 빠진다. 항공기 제조사 에어버스는 받음각을 정상범위를 벗어나지 못하게 하는 기능을 만들고 이 기능에 '알파(받음각) 플로어 방지Alpha floor protection'라는 이름을 붙였다. 알파 플로어가 작동하면 추력이 최대 추력으로 설정되고, 비행기의 자세는 조종사의 명령이 있더라도 받음각을 제한하도록 강제된다.

생각하는 비행기
플라이바이와이어

비행기를 조종하는 일은 보기보다 복잡하다. 조종간을 왼쪽으로 돌리면 비행기가 왼쪽으로 기울어지고, 당기면 기수가 들리고, 밀면 기수가 내려간다… 라는 건 사실 이상적인 이야기다. 비행기를 기울여 선회하는 것도 실상은 꽤 까다로운 과정이다. 매끄럽게 비행기를 선회하기 위해서는 조종간을 선회하고자 하는 방향으로 돌리면서 살짝 당겨주어야 한다. 동시에 페달(조종사가 발로 조작하는 조종간)을 사용해 방향타를 부드럽게 조작해줘야 하고 여기에 엔진의 추력도 신경 써야 한다. 만약 단순히 조종간을 돌리기만 했다면 비행기 기수가 좌우로 흔들리고 고도도 떨어졌을 것이다. 이처럼 우리가 생각하는 이상적인 움직임이 나오기 위해서는 비행기의 모든 장치들이 서로 조화를 이루며 작동해야 한다. 조종사는 조종간을 통해 손발로 느껴지는 압력과 비행기의 계기를 보며 섬세하면서도 조화롭게 조종의 세계로 진입한다.

하지만 조종사는 비행기를 직접 조종하는 것 외에도 신경 써야 할 것이 많다. 날씨 상태를 보고 비행 경로를 바꿀 필요는 없는지 살피고, 비행기를 구성하는 복잡한 전자장비, 유압시스템 등을 점검한다. 행여나 장비가 고장 나 특수한 상황에 처하기라도 한다면? 부담을 느낀 조종사는 신중한 판단이 필요한 순간에 실수할 가능성이 높아질 수 있다. 비행의 이러한 특성 때문에 자잘하고 귀찮은 일을 대신해줄 자동화 시스템에 대한 필요성은 예전부터 꾸준히 제기됐다. 조종사가 조종간을 붙잡고 항상 비행기를 직접 조종해야 한다면, 10시간 넘는 장거리 비행을 할 수는 없을 테니 말이다.

이때 비행기 조종 편의성을 크게 끌어올리는 자동화 기술이 개발됐으니, 이름하여 플라이바이와이어Fly-By-Wire(이하 FBW)! 기존에는 조종사가 조종간에 힘을 줘 만들어낸 조종 명령이 비행기의 각종 조종면에 기계적으로 직접 전달되곤 했다. 하지만 이제는 조종실의 조종간과 비행기의 조종면 사이에 비행제어 컴퓨터가 자리한다. 조종사의 명령은 컴퓨터로 전달되고, 비행기에 직접 명령을 내리는 주체는 컴퓨터가 되었다.

FBW가 적용되면서 조종의 개념에 변화가 찾아왔다. 조종사는 비행기에 바라는 '희망사항'을 컴퓨터에 전달한다. 그리고 이를 컴퓨터가 실현한다. 비행기를 기울이고 싶을 때 조종사가 기울인다는 '의도'를 컴퓨터에 전달하면 컴퓨터는 기울이기 위한 '명령'을 조종면에 각각 전달하는 것. 이것이 FBW의 핵심이다. 이제 컴퓨터를 어떻게 써먹을까 하는 행복한 고민이 시작된다. 컴퓨터가 인간의 의도를 어떻게 해석해야 조종이 편리해질까? 어쩌면 조이스틱으로 게임을 하듯이 비행기를 조종하는 것이 가능해지지 않을까?

실제로 조이스틱처럼 생긴 조종간을 손가락의 힘으로 움직이는 것만으로도 300톤이 넘는 육중한 비행기가 부드럽게 하늘을 유영하는 것이 가능해졌다. 조종사가 조종간을 그대로 두면, 비행기는 '움직이지 말라'는 의도를 읽고 난기류 속에서도 가능한 한 안정한 상태를 유지한다. 조종간을 당기면 '당긴 만큼' 조종사가 상승하는 느낌을 받도록 비행기의 속도에 맞춰 자세 변화율을 알아서 조절한다. 이처럼 조종이 간편해지면서 조종실의 부담감은 한결 줄어들었다. 장거리 비행이 가능해졌고, 신경 쓸 일이 많은 까다로운 환경에서도 안전하게 비행할 수 있게 됐다. 이제 비행기는 단순히 사람의 말을 '따르는obey' 존재가 아니라, 사람의 말을 '듣는listen' 존재, 즉 생각하는 존재가 된 것이다.

사람의 실수를 막는 기계
비행영역보호

'비행기' 하면 많은 사람이 떠올리는 생각 중 하나가 "솔직히 무섭다"는 것이다. 우리는 비행기의 안전성에 민감하다. 하늘에서 문제가 생기는 것은 퍽 곤란한 일이다. 그렇다면 컴퓨터의 능력을 단순히 비행을 편리하게 하는 데에서 더 나아가 안전 향상을 위해 사용해볼 수는 없을까?

비행기에 탔을 때 가장 걱정되는 상황은 무엇일까? 앞서 AF2510편 이야기에서 보았듯이 비행기는 적당한 속도를 유지해야 안전하게 비행할 수 있다. 일단 적당한 속도를 유지하는 것이 가장 중요하다.

그다음으로는 툭 튀어나온 날개에 무슨 일이 생기는 건 아닌지 걱정스럽다. 쉽게 부러지지 않을 거라는 걸 알면서도 말이다. 비행 속도와 날개에 걸리는 부하, 이 둘만 잘 조절해도 비행에서 상상할 수 있는 최악의 상황은 막을 수 있다.

비행기가 안전하게 날기 위해서는 안정한 '상태'를 유지하는 것이 중요한데, 여기서 '상태'란 비행 속도와 비행하중을 의미한다. 비행하중이란 비행기의 날개에 얼마나 큰 힘이 걸리는지를 의미하는데, 중력가속도 G를 사용해(PART 3 참조) 그 크기를 설명하곤 한다. 만약 전투기처럼 급격한 기동을 하면 비행하중이 커지게 되고, 이 하중이 한계를 넘어서면 우리가 우려하는 날개나 동체가 손상될 수도 있다. 이제 비행기가 비행할 수 있는 속도와 하중을 그래프에 나타내보자.

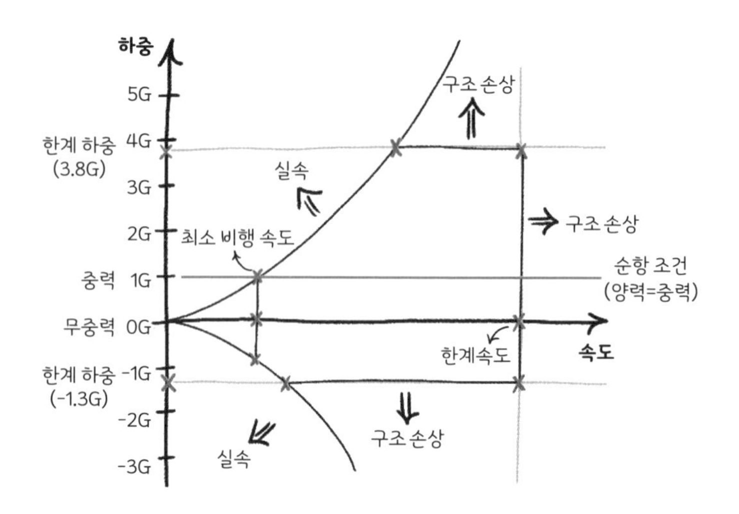

그래프에서 가로축은 비행 속도, 세로축은 하중을 나타낸다. 우선 비행기가 실속하게 되는 경우를 나타내는 선을 그리면 그래프의 원점에서 출발하는 2개의 곡선을 그릴 수 있다. 이번에는 비행기가 구조적으로 손상되는 것을 나타내는 선을 그려보자. 구조 손상은 비행기가 너무 큰 비행하중을 버티고 있거나, 비행 속도가 너무 빠를 때 발생한다. 이를 생각하면 과도한 비행하중으로 인한 손상을 나타내는 2개의 수평선과 과속으로 인한 구조 손상을 나타내는 1개의 수직선을 그릴 수 있다. 이 모든 선들을 그리면 위와 같은 그래프가 나오게 된다.

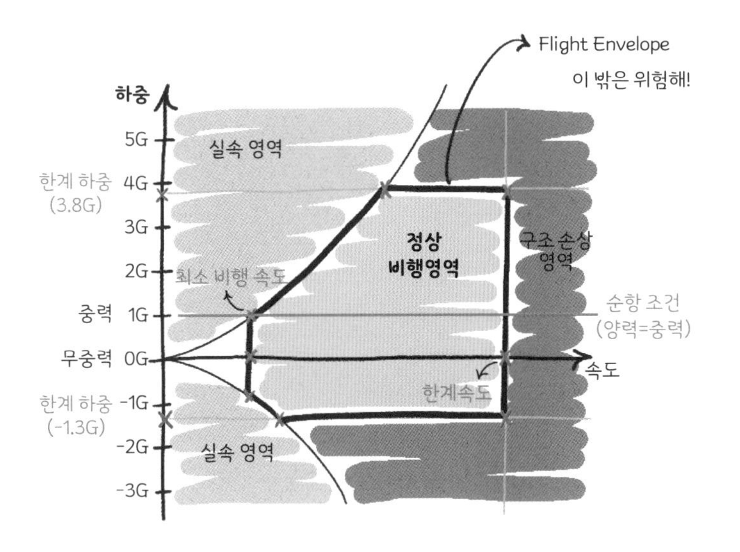

이 그래프를 보면 한 가지 의미 있는 구역이 보이기 시작한다. 일단 실속을 방지하기 위해서는 두 실속 곡선 사이에 비행 상태가 놓여야 한다. 그리고 구조 손상을 막기 위해서는 두 수평선 사이에 비행 상태가 유지되어야 한다. 비행 속도는 최소 비행 속도보다는 오른쪽에, 과속으로 인한 구조 손상을 의미하는 수직선보다는 왼쪽에 위치해야 한다. 이제 이 모든 곳들이 겹치는 구간을 살펴보면, 누가 베어먹은 사각형 모양의 닫힌 영역(파란색 영역)이 선명해진다. 즉 비행기의 상태가 저 도형 안에만 머무른다면 안전한 비행을 보장할 수 있는 것이다!

비행 가능한 영역은 마치 봉투처럼 감싸여 있다고 해서 'flight envelope'(비행영역)라고 한다. 이제 생각할 줄 아는 비행제어 컴퓨터의 역할은 분명해졌다. 비행제어 컴퓨터는 비행 속도와 비행하중을 살피며 혹시라도 비행 상태가 파란색 영역에서 탈출할 기미가 보이는지를 확인한다. 만약 위험 조짐이 보인다면 그에 상응하는 조치를 취해 절대로 저 영역에서 나가지 못하게 함으로써 안전을 지킨다. 이런 비행제어 컴퓨터의 기능을 비행영역보호flight envelope protection라고 한다. AF2510편이 실속에 빠지지 않고 무사히 착륙할 수 있게 해준 알파 플로어 기능도 비행영역보호 기능의 일종이다.

비행영역보호 기능을 갖춘 비행제어 컴퓨터는 비행기가 위험한 상황에 처하면 조종에 개입한다. 실제로 이 기능이 도입된 이래로 많은 비행기가 추락의 위험으로부터 벗어날 수 있었다. 영화 〈설리: 허드슨강의 기적Sully〉으로 잘 알려진 US1549편도 비행영역보호 기능 덕을 봤다. 이륙한 지 얼마 안 되어 엔진이 모두 고장 난 US1549편이 뉴욕 허드슨강에 불시착하기 직전, 양날개가 양력을 잃을 뻔했지만 비행기는 조종사의 명령을 적절히 보완해 안정적으로 수면에 닿을 수 있도록 도왔다. 탑승객 전원이 생존했다.

이 외에도 영국 공군 급유기의 조종간에 조종사의 소지품이 끼어 급강하한 준사고도 예로 들 수 있다. 소지품에 끼어 끝까지 밀린 조종간은 꾸준히 급강하 명령을 내렸음에도 비행제어 컴퓨터의 비행영역보호 기능이 위험을 감지한 덕에 비행기의 기수는 일정 각도 이상 내려가지 않았다. 시간이 흘러 속도가 지나치게 빨라지자 컴퓨터는 이번엔 과속을 방지하기 위해 기수까지 들어올리며 한계속도를 넘어가지 않도록 관리했다. 급강하가 시작된 지 33초 후 조종사는 소지품을 빼내어 상황을 수습했고, 이 시간 동안 비행제어 컴퓨터가 비행기를 안정적으로 돌본 덕에 큰 사고를 면할 수 있었다.

자동화의 새로운 위협?
인간요인과 자동화

오늘날 여객기의 상당수는 플라이바이와이어 방식으로 조종된다. 비행기의 안전을 담보하기 위한 컴퓨터의 알고리즘은 갈수록 복잡하고 정교해지고 있다. 조금 과장하면 버튼만 누르면 이륙부터 착륙까지 알아서 진행된다는 말이 있을 정도다. 이렇게 발전한 비행제어 컴퓨터 덕분일까? 비행기는 가장 안전한 운송 수단이 되었다. 그럼에도 우리는 비행기 추락 사고 소식을 종종 접하게 된다. 조종사의 실수까지 막는 컴퓨터가 등장했는데도 발생한 사고라면, 컴퓨터로도 막을 수 없는 기계적 고장으로 인한 사고일까? 비행 사고 통계를 살펴보면 조금 의아한 부분을 발견할 수 있다. 바로 사고 과정에 컴퓨터와 사람 사이의 이야기가 빈번하게 등장한다는 점이다.

사람의 오류, 실수 등을 인간요인human factor이라 한다. 다수의 사고통계 연구와 보고서에 따르면 실제 항공 사고의 80% 이상이 인간요인과 연관이 있다고 한다. 흔히 항공 사고라면 기계적인 고장으로 인한 것이라 생각하기 쉽지만, 실제로는 기계보단 사람이 원인이 되는 경우가 많다. 그러나 유의해야 할 점은 이 통계를 보고 단순히 사람의 실수 그 자체가 잘못이라 여기면 안 된다는 것이다. 문제의 핵심은, 왜 사람이 실수하게 되었는지, 그 원인이 무엇인지를 찾는 것이다.

앞서 살펴본 비행제어 컴퓨터는 조종사의 실수를 막으며 아주 효과적으로 인간요인 해결사 노릇을 톡톡히 해왔다. 어쩌면 항공 사고의 가장 심각한 원인을 해결해낼 존재일 수도 있는 것이다. 하지만 이 기대는 곧 의문에 부딪힌다. 근래 발생한 몇몇 대형 항공 사고가 오히려 자동화된 시스템과 사람 간의 혼선에서 유발된 것으로 조사됐기 때문이다.

2009년, 브라질 리우데자네이루에서 파리로 날아가던 AF447편은 차가운 밤바다에 손쓸 새도 없이 추락했다. 원인은 악천후로 인한 속도 센서의 일시적 고장이었는데, 직접적인 추락 원인은 속도계 고장에 대한 조종사의 미숙한 대처로 결론이 났다. 자동조종에 의지하고 있던 조종사는 센서 고장으로 자동조종 장치가 갑자기 멈추자, 상황을 제대로 인지하는 데 어려움을 겪었다. 혼란 속에서 조종사가 잘못된 명령을 내리자 수동으로 조종되던 기체는 서서히 추락하기 시작했다. 조종사는 계기판에 나타난 혼란스러운 정보와 경고음이 센서 고장이나 컴퓨터 오류로 인한 것인지, 아니면 실제로 비행기가 추락하고 있는 것인지 구별해내지 못했다. 어두운 밤바다 상공을 비행 중이었던 탓에 밖을 볼 수 없었던 조종사의 상황 인지도situation awareness는 추락 직전까지도 회복되지 못했다. 사실 센서는 금방 정상화됐다. 모든 계기는 정상이었고 비행기는 그들이 혼란스러워하는 내내 추락하고 있었다.

위 사례처럼 자동화 장치가 상황 인지도를 저하시킨다는 지적 외에도, 자동화 장치 자체에 오류가 발생할 경우 그 결과는 치명적일 수 있음을 보여준 사례도 있다. 바로 2018년과 2019년에 연달아 추락하며 350명 가까운 사망자를 낸 보잉 737MAX 사고다. 737MAX 기종은 고도로 자동화된 최신 항공기였지만, 자동화 알고리즘 일부에 치명적인 오류가 있었다. 비행제어 컴퓨터가 조종사의 조종권에 어느 정도 대항할 수 있는 권한이 있는 만큼, 잘못된 프로그램의 영향력은 치명적이다. 불과 몇 개월 간격을 두고 많은 이들이 허망하게 목숨을 잃었다. 사고 당시 조종실 음성녹음 장치 너머의 조종사들은 자꾸만 스스로 고꾸라지는 비행기와 필사적으로 싸우고 있었다. 그들의 노력 덕에 비행기는 몇 차례 상태가 안정되었지만, 잘못된 판단을 한 비행제어 컴퓨터는 비행기를 끝내 추락으로 이끌었다.

자동화된 비행제어 시스템은 분명 비행기를 더 안전한 교통수단으로 만들었고, 수많은 생명을 지켜왔다. 하지만 우리는 몇 가지 뼈아픈 사례를 통해 주의해야 할 점들을 배울 수 있다. 기계에 의지하되 인간도 상황을 충분히 이해하고 있어야 한다는 것, 그리고 자동화 시스템은 높은 신뢰성을 갖도록 신중하게 설계되어야 한다는 점이다.

똑똑한 기계 그리고 사람에 대해

기계(비행제어 컴퓨터)는 오감'밖에' 없는 인간(조종사)이 인지할 수 없는 수많은 정보를 한 번에 처리하고 연산하여 최적의 제어 기능을 수행한다. 인간은 조종을 기계에 맡기고 남는 에너지로 인간 특유의 경험과 직관을 활용한 고차원적인 계획 수립과 관리 업무에 집중한다. 여기까지는 연산과 데이터 처리에 강한 기계와 다양한 상황을 학습하고 고차원적인 판단을 내릴 수 있는 인간 사이의 훌륭한 협업 관계를 보여준다.

하지만 자동화는 기계와 인간의 협력을 표방하면서도 그 이면에는 기계와 인간의 단절 가능성을 내포하고 있다. 기계에 숙주기계(비행기)의 조종권을 위임함으로써 인간은 기계가

하는 일을, 기계가 조종하고 있는 숙주의 상태를 직관적으로 인지하지 못한다.

만약 조종과 관련된 대부분의 정보를 처리하던 기계가 갑자기 말썽을 부린다면 어떻게 될까? 센서 고장으로 인해 기계가 오류를 일으킨다면. 기계의 처리 과정을 모르는 인간이 갑자기 기계가 버리고 간 조종간을 넘겨받는다면. 인간은 뭔가 잘못되고 있다는 것만 느낄 뿐, 그 원인을 찾기란 여간 당황스러운 일이 아닐 것이다. 이런 경우 보통 조종사의 판단 실수가 사고를 일으키는 마지막 연결 고리가 되곤 한다. 상황을 잘못 파악하니 엉뚱한 대응을 하게 되는 것이다. 이는 과연 자동화의 오류인가, 조종사의 조종 미숙인가.

오늘날 우리는 더 복잡한 시스템을 만들어내고 있고, 이를 통제하기 위해 필히 자동화 시스템을 사용하고 있다. 우리가 매일 타는 자동차만 봐도 그 기능이 훨씬 많아졌고 내부 시스템은 복잡해져만 간다. 그만큼 기계의 역할이 커지고 있는 것 아닐까? 비행기는 인류의 첨단 기술을 상징해왔다. 최첨단 기술을 활용하면서도 생명과 직결되는 안전에 대한 욕구가 부딪히는 지점에서, 급속히 지능화되고 자동화된 기계를 마주하는 우리가 미래 사회에서 꼭 생각해볼 점을 엿볼 수 있겠다.

* 안타까운 항공 사고가 본 글에서 언급되었습니다. 고인들의 명복을 빕니다. 항공기는 실제로 가장 안전한 운송 수단이며, 불필요한 공포심을 조장하려는 의도가 전혀 없음을 밝힙니다. 또한 항공 사고의 원인은 몇 가지로 특정하기 어렵습니다. 그러므로 이 글에서 언급한 사고 원인과 자동화 시스템의 특징은 절대적이지 않으며, 사고가 발생했을 경우 유관 기관을 통한 적절하고 엄격한 대응이 이뤄지고 있다는 사실을 덧붙입니다.

참고 문헌

PART 1 바람 공기가 없다면 하늘을 날 수 없다

John D. Anderson Jr., *Fundamentals of Aerodynamics*, 5th ed. in SI units, McGraw Hill Series in Aeronautical and Aerospace Engineering.

Patrick H. Oosthuizen, William E. Carscallen, *Introduction to Compressible Fluid Flow*, 2nd ed., CRC Press.

Apogee Rockets, Peak of Flight Newsletter, issue 346, August 27, 2013. *Nose Cone Shape*.

Fletcher, D.G. *Fundamentals of hypersonic flow aerothermodynamics*. (2005), von Karman Institute, Belgium.

Federal Aviation Administration (FAA), *Returning from Space: Re-entry*, Advanced Aerospace Medicine On-line 4.1.7, Accessed March 15, 2023.

Sadrehaghighi, Ideen. (2021). *Hypersonic Flow & Case Studies*. doi:10.13140/RG.2.2.11830.52808/2

PART 2 힘 하늘을 날기 위한 재료 구하기

D'Amario, L. A., Bright, L. E., and Wolf, A. A., *Galileo trajectory design*, Space Science Reviews, vol. 60, no. 1-4, pp. 23-78, 1992.

Frank E. Fish and others, The Tubercles on Humpback Whales' Flippers: Application of Bio-Inspired Technology, *Integrative and Comparative Biology*, Volume 51, Issue 1, July 2011, Pages 203-213, https://doi.org/10.1093/icb/icr016

John D. Anderson Jr., *Introduction to Flight*, 7th ed., McGraw Hill International Edition.

Lohry, Mark & Martinelli, Luigi & Clifton, David. (2012). *Characterization and Design of Tubercle Leading-Edge Wings.*

Japan Transport Safety Board(JTSB), *Aircraft serious incident investigation report - Air Nippon Co., LTD.* (Sep. 19, 2014), AI2014-4

Neil J. Cornish, *The Lagrange Points*, National Aeronautics and Space Administration (NASA), 1998, Accessed Mar. 15, 2023, https://map.gsfc.nasa.gov/ContentMedia/lagrange.pdf

PART 3 비상 날기 위해서 우리가 해결해온 과제들

Amitava Bose, K.N.Bhat, Thomas Kurian, *Fundamentals of Navigation and Inertial Sensors*, PHI Learning.

Daniel P. Raymer, *Aircraft design: A Conceptual Approach*, 5th ed., AIAA education series, 2012.

John D. Anderson Jr., *Introduction to Flight*, 7th ed., McGraw Hill International Edition, 2011.

John D. Anderson Jr., *Fundamentals of Aerodynamics*, 5th ed. in SI units, McGraw Hill Series in Aeronautical and Aerospace Engineering, 2010.

PART 4 기술 더 멀리, 더 빠르게, 더 안전하게

Aviation Safety Network, *2022 Airliner accident statistics*, ASN Interactive Safety Dashboards, Accessed Apr. 5, 2023, https://aviation-safety.net/statistics/

Allianz, *Global Aviation Safety Study*. (2014), https://commercial.allianz.com/content/dam/onemarketing/commercial/commercial/reports/AGCS-Global-Aviation-Safety-2014-report.pdf

Federal Aviation Administration (FAA), *Fatalities by CICTT Aviation Occurrence Categories*. (2018), Accessed Apr. 5, 2023, https://www.faa.gov/sites/faa.gov/files/2023-02/FatalCICTT_2009to2018.pdf

Federal Aviation Administration (FAA), *Aviation Maintenance Technician Handbook - General*, Chapter 14 Human Factors. (2018), p.14-1~p.14-30., FAA-H-8083-30A

International Air Transport Association (IATA), *CFIT - Controlled Flight into Terrain*

- A Study of Terrain Awareness Warning System Capability and Human Factors in CFIT Accidents 2005-2014, 1st ed. (2016).

National Transportation Safety Board (NTSB), *Loss of Thrust in Both Engines After Encountering a Flock of Birds and Subsequent Ditching on the Hudson River, US Airways Flight 1549.* (Jan. 15, 2009), NTSB/AAR-10/03, PB2010-910403

Bureau d'enquêtes et d'analyses (BEA) pour la sécurité de l'aviation civile, *Perturbation du signal ILS lors de l'approche, déclenchement de la protection ALPHA FLOOR lors de l'approche interrompue.* (Feb. 2015), f-va120328

Military Aviation Authority (MAA), *Service Inquiry Investigation into an Incident Involving Voyager ZZ333 on 9 Feb 14.*(Oct. 3, 2014).

Bureau d'enquêtes et d'analyses (BEA) pour la sécurité de l'aviation civile, *Final Report on the accident on 1st June 2009 to the Airbus A330-203 registered F-GZCP operated by Air France flight AF 447 Rio de Janeiro-Paris.* (July 2012).

The Federal Democratic Republic of Ethiopia Ministry of Transport and Logistics - *Aircraft Accident Investigation Bureau, nvestigation Report On Accident to the B737-Max8 reg. ET-AVJ Operated by Ethiopian Airlines.* (Dec. 23, 2022), AI-01/19

Komite Nasional Keselamatan Transportasi (KNKT) Republic of Indonesia, *Aircraft Accident Investigation Report PT. Lion Mentari Airlines Boeing 737-8 (MAX); PK-LQP Tanjung Karawang, West Java Republic of Indonesia 29 October 2018.*(Oct. 2019), KNKT.18.10.35.04

사진 출처

16p ⓒmije_shots **22p** ⓒfollowercom **26p** ⓒNASA's Ames Research Center **32p** ⓒFroideval67 **43p** ⓒDenys Nevozhai **56p** ⓒNASA **58p** ⓒNASA **61p** ⓒMgw89 **67p** ⓒToshihiko Takamizawa **75p** ⓒPicasa 2.0 **93p** ⓒRobin Guess **95p** ⓒInsectWorld **105p** ⓒEduard Marmet **117p** ⓒjurvetson **160p** ⓒDavid Yu **180p** ⓒSkycolors **192p** ⓒHunini **196p** ⓒKen Fielding **198p** ⓒTim Felce **229p** ⓒMatthew McDonald

이 외의 출처가 표시되지 않은 사진은 퍼블릭 도메인이거나 shutterstock.com의 사진입니다.

FLYING

플라잉

초판 1쇄 발행 2023년 8월 21일
초판 3쇄 발행 2023년 11월 27일

지은이 임재한
발행인 김형보
편집 최윤경, 강태영, 임재희, 홍민기, 박찬재
마케팅 이연실, 이다영, 송신아 **디자인** 송은비 **경영지원** 최윤영

발행처 어크로스출판그룹(주)
출판신고 2018년 12월 20일 제 2018-000339호
주소 서울시 마포구 양화로10길 50 마이빌딩 3층
전화 070-8724-0876(편집) 070-8724-5877(영업) **팩스** 02-6085-7676
이메일 across@acrossbook.com **홈페이지** www.acrossbook.com

ⓒ 임재한 2023

ISBN 979-11-6774-113-4 03420

이 도서는 한국출판문화산업진흥원의
'2023년 우수출판콘텐츠 제작 지원' 사업 선정작입니다.

• 잘못된 책은 구입처에서 교환해드립니다.
• 이 책은 저작권법에 따라 보호를 받는 저작물이므로 무단 전재와 무단 복제를 금지하며, 이 책의 전부 또는 일부를 이용하려면 반드시 저작권자와 어크로스출판그룹(주)의 서면 동의를 받아야 합니다.

만든 사람들
편집 임재희 **교정** 오효순 **디자인** 송은비 **일러스트** 별봉자 **조판** 박은진